図説生物学30講

植物編 3

植物の栄養 30講

平澤栄次［著］

朝倉書店

まえがき

自分が農耕民族であることを意識することがあります．それは夜中の雨の音であったりします．春の夜などに雨音が聞こえると，しみじみとした安心が体に沁みてくるのを感じます．自分は商家でしたし，また農作業をしたこともあまりないのですが，雨の音には何か心を静めるものがあります．また，土にふれたときや，室内で眼に入るグリーンにも同じような安らぎを感じます．人が生きていくとき，食を得ることの意味はことさら考えるまでもないでしょう．地球上の66億の人口を養うために，毎日どれくらいの食糧が要るのでしょうか，想像もつかないことです．自然になる木の実や狩りで得たものだけで生きている人びとは現在数えるほどで，ほとんどの人びとは畜産を含めて農耕で得た食糧で生きています．その食糧もそれを支える肥料も莫大な量になることは容易に理解できます．

現在の義務教育と高校，大学の教育の中で，植物の栄養を学ぶ機会はほとんどありません．以前は，高校では植物の栄養として必須な多量元素と微量元素を必要な知識として教わりました．今後ゆとり教育の見直しが行なわれても，おそらく植物の栄養が高校生物I・IIに復活することはないと思われます．以前はあまり教科書のスペースをとらなかった分子生物学や生物の集団に関する知識が集積してきたことも原因でしょう．また生物の教科書の内容を検討吟味する人たちの多くが植物栄養学にかかわる学問分野ではないこともあるのかもしれません．

地球上に暮らす人びとの将来を語るとき，化石エネルギー資源の枯渇や温暖化がよく問題にされますが，肥料が取りざたされることはあまりありません．しかし今後の人口増加に見合う食糧増産を達成できる耕地や肥料は，今後もサイエンスの進歩で解決できるのでしょうか．遺伝子組換え作物にしても肥料は要るでしょうし，空気中の窒素を固定するトウモロコシができても他の無機肥料は要ります．もし近い将来に世界人口の増加がストップするときがきたとしても食糧も肥料も引き続き必要です．

いま日本では食糧自給率が40%しかなく，60%の食糧が輸入されています．そのことへの危機は以前から叫ばれていますが，現実の世の中ではそのことが実感されていないように思われます．肥料でもその原料となる鉱石は日本では輸入国です．もし，輸入がストップすることになれば，自給している40%の食糧生産でさえ，その維持はとてもおぼつかないでしょう．こんなときに，植物栄養学の先駆者リービッヒの最少律「必要量に対して供給量の割合が最少である元素によって，植物の生育が制限される」という法則から，ある肥料が不足する事態になればどれくらいの食糧難に陥るか心配するのは筆者のみの杞憂でしょうか．

ところが，学生を含めて未来のある若者は，食糧やその基礎となる植物栄養・肥料にほとんど関心がありません．授業の際に質問票用紙を配布して学生の質問や意見を集めたとき，「有機栽培の野菜は，下肥を使うと聞いて気持ち悪くなった」とあり，愕然としたことがありました．たしかに植物の栄養に関する教育を受けてこなかった責任は彼らにはないでしょうが，今後の食糧問題を考えるときに，生きていくための教養として植物栄養を学ぶことは大切なことと思われます．

このため本書を書くに当たり，食糧生産の基礎である植物栄養学に加えて，応用面として現場で使われる肥料，ハウス土耕や養液栽培，そして家庭園芸にも講をとることで学生になじみのない植物の栄養が親しみやすくなるよう工夫しました．また植物栄養と関連する土壌学も家庭での土づくりに必要な基礎知識としてふれました．なお本書の特色として，従来の無機栄養・肥料学にはない有機栄養学や切り花の栄養学も植物の栄養として講に加えました．

最後に，本書の刊行に当たり，執筆の機会をお与えくださりお世話いただいた朝倉書店編集部にお礼申し上げます．また植物と昆虫などの話題をご教示いただいた森田明広氏に感謝致します．そして忙しい中挿絵をかいてくれた平澤　楽にも感謝したい．

2007年9月

平澤栄次

目　　次

第1講

水の吸収と蒸散

キーワード：水素結合　水ポテンシャル　凝集力　アクアポーリン

植物を構成する多量元素の中で，まず挙げられるのが水素（H）と酸素（O）である．乾燥させた植物体を構成する元素でも，動物と比べて多いのは酸素で，その理由は植物の形を保つ細胞壁多糖にある．一方新鮮な植物体では圧倒的に水素と酸素が多く，その大半が水（H_2O）である．植物の栄養素の中でも水は最も重要な物質である．

水の性質

地球上の水のないところに生命はありえない．そして周期表の同じ第XVI属元素の硫黄（S）の水素化合物である硫化水素（H_2S）と比べると，水（H_2O）の沸点は予想では−100℃になるはずであるが，実際は100℃である．水の沸点が異常に高い理由は，水分子の酸素（O）がマイナスに，水素（H）がプラスに電荷を帯びているためである（図1.1）．

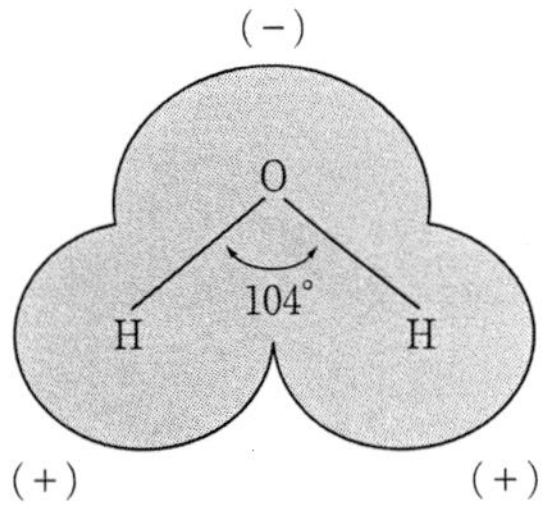

図1.1　水分子の構造

H_2Oがプラスとマイナスに分極する理由は，電子を引きつける力，電気陰性度にある（表1.1）．

表1.1　生体に含まれるおもな原子の電気陰性度

炭素 C　2.5	酸素 O　3.5	硫黄 S　2.5	リン P　2.1
フッ素 F　4.0	水素 H　2.2	窒素 N　3.0	塩素 Cl　3.0
ナトリウム Na　0.9	マグネシウム Mg　1.2	カルシウム Ca　1.0	

共有結合している原子の電気陰性度の差が大きいものほど，プラスとマイナスの電荷が大きくなる．このため水分子は0℃から100℃までは互いに引き合ってゆるく結合し液体となる．この結合を水素結合といい水素・酸素間の共有結合（O-H）と比べてかなり結合エネルギーは低いが，このゆるい結合のために水はいろいろと変わった性質を示す．

表1.2で示したように水は沸点だけでなく，蒸発熱や融解熱も他の物質に比べて

表 1.2　水分子の化学的性質

物質名	融点 (℃)	沸点 (℃)	蒸発熱 (cal/g)	比熱 (cal/g)	融解熱 (cal/g)
H_2O	0	100	540	1.00	80
エタノール	−114	78	204	0.58	25
H_2S	−83	−60	132	—	17
NH_3	−78	−33	327	1.12	84

高い．水は電離するため，細胞には様々な物質が溶けていて，無機イオンのような荷電物質も水によく溶ける．また糖のような非荷電物質もよく溶ける．

凝集力が大きいことも水の重要な性質で，100 m 以上の大木も根から葉に水を吸い上げることができる．また水の密度が 4℃ で最大であるため地表の氷は海に浮いている．もし氷のほうが水より比重が大きいと，氷は海底に沈み込んでしまう．

植物の水の吸収

新鮮なホウレンソウでは 70% 以上が水であり，植物に含まれる水は時には 80% 以上にもなる．水の中の藻類と異なり，陸上植物は根によって土壌から水を吸収しなければならない．吸収された水は道管などを通って地上部に運ばれ，植物体の葉表面にある気孔からおもに蒸散で空気中に放出される．なお，イネなどでは，体内に過剰になった水は葉の先にある水孔と呼ばれる孔から水滴として排出される．朝に見られる葉の縁の露も水孔からの水である．

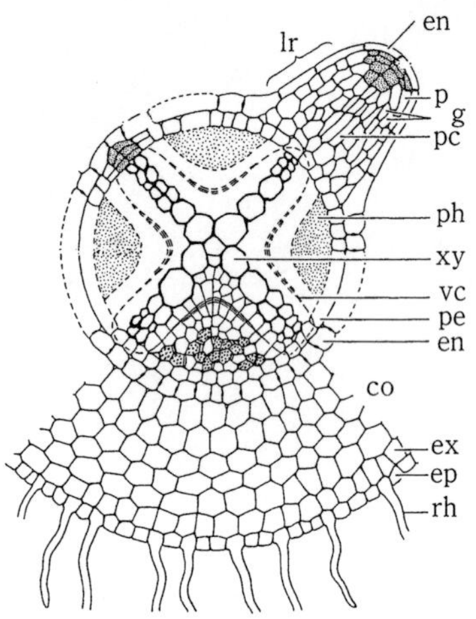

図 1.2　根の断面図の模式図（Foster and Gifford, 1974）
en：内皮，p：前表皮，g：基本分裂組織，pc：前形成層，ph：師部，xy：木部，vc：維管束形成層，pe：内鞘，co：皮層，ex：外皮，rh：根毛，ep：表皮，Ir：側根．

植物は，土壌中の水をおもに根毛から吸収する．根毛は非常に細く，1 本の根毛は表皮細胞が分化したただひとつの根毛細胞からなり，根と土壌が接する面積を大きくしている．根毛細胞の浸透圧は土壌の水より大きいので，水は根毛細胞に吸収されるが，一部は根の細胞と細胞の間隙を通って道管に移動する．通常は根毛＜皮層＜木部の順に浸透圧が大きくなっており，吸収された水は浸透圧の差で内部へと移動して，中心柱の木部通導組織に達する（図 1.2）．

植物の水やイオンの移動

一部の水は細胞壁中のフリースペースや細胞間隙（アポプラスト）を通って移動する．この間，中心柱を取り囲む皮層細胞の最内層には内皮と呼ばれる特殊な細胞

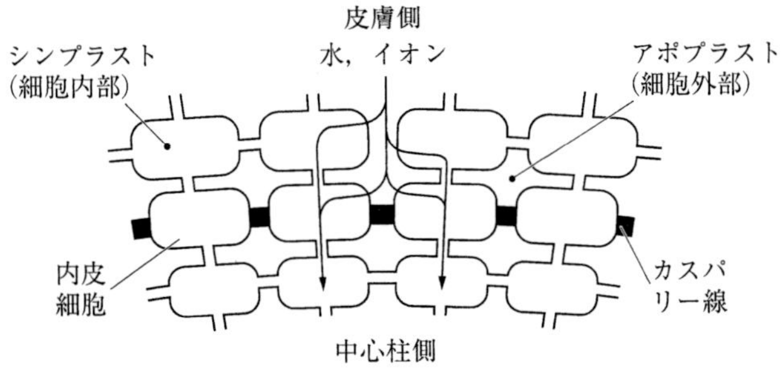

図1.3 カスパリー線の機能と構造（根の事典編集委員会，1998）

層がある．内皮細胞には，カスパリー線と呼ばれる細胞壁の肥厚した構造がある(図1.3)．カスパリー線は内皮細胞をリング状に取り囲み，この肥厚部分にはリグニン化やスベリン化がおこり，疎水性が強く，他の細胞壁と異なり水やイオンを通さない．またこの部分の細胞は原形質膜が細胞壁と密着しているため，水が中心柱の木部通導組織に達するには，内皮細胞質に一度入らなくてはならない．この障壁により，根の水やイオンの輸送が制御されている．一方，無機塩類は，能動輸送によって積極的に土壌から吸収され，水の移動に伴って植物体内に行き渡る．

樹　　液

いくつかの落葉樹は，春先になると道管を通じてかなりの量の糖を輸送しはじめる．たとえば，早春の出芽前のサトウカエデ（*Acer saccharum*）の茎にドリルで穴を開けると，スクロースに富んだ樹液が穴を開けた木部より流れ出てくる．ショ糖が，貯蔵細胞から柔細胞を経て道管へ分泌されると，道管内の水ポテンシャルがかなり減少する．このことで比較的高い水ポテンシャルを持つ土壌中の水が道管内部に流れ込んでくる．

水ポテンシャル（ψ）とは，水溶液の化学ポテンシャルを部分モル体積で割った

ものに相当し，圧力（Pa）の単位を持つ．水はポテンシャルの高いほうから低いほうに流れ，純水では $\psi=0$ と定義されている．溶質の溶けている溶液は通常は負の値の ψ を持つ．

蒸散と水の上昇

最小目盛 0.1 mg の電子天秤の上に水を入れたフラスコを入れ，そこに葉数枚のついた枝を差し入れて重さを測定すると，秒単位で最小目盛の重量が減少していく．次にその枝の葉を切り取った場合重量減少は止まる．これは，フラスコの水が枝を通って上昇し，葉から蒸発していくからである．植物体内の水が水蒸気として空気中に放出される現象を蒸散という．葉の表面はロウのような成分からなるクチクラ層でおおわれており，このクチクラ層表面から蒸発する水分は少ない．葉の表皮には気孔があり，気孔が開いているときには盛んに蒸散が行なわれている．蒸散の際，水は気化熱を奪って水蒸気となるため植物体の温度上昇は抑えられる．

葉での蒸散が盛んなときは，葉肉細胞から水が奪われて細胞の浸透圧が上昇し，吸水力が増す．その結果葉脈中の道管から葉肉細胞に，そして茎の道管から葉脈中の道管に水が移動する．水分子は互いに引き合う力，凝集力が働くため，水は根から茎そして葉脈の道管へと途切れることなく上昇していく．セコイアのような 100 m をこす樹木でも根から最上部の葉まで途切れることなく水がつながっていると考えられている．

根　　圧

ヘチマの茎を切ると切断面から液体が溢れ出てくる．この液体を昔からヘチマ水として，化粧水に用いていた．液体の溢出から，道管内には根から上方へ水を押し上げる力が働いていることがわかる．この力を根圧といい，無機塩類が能動輸送で土壌中から木部の細胞まで運ばれ，木部の浸透圧が高まり，その結果，土壌から木部への水の移動が盛んになることで生じる圧力である．根圧の大きさは植物の種類や成長段階で様々であるが，一般には若い植物体で大きく，蒸散が盛んになると低下する．

気孔の開閉

気孔は2個の孔辺細胞に囲まれたすき間のことで，普通は葉の裏側に多い．孔辺細胞の気孔側の細胞壁は，その反対側より伸びにくい性質を持っている．したがって，孔辺細胞が吸水して膨圧が高まると気孔側の伸びはその反対側より伸び方が小さいので，孔辺細胞は湾曲して，その結果気孔が開く．逆に孔辺細胞から水が出て行くと膨圧が低下し，孔辺細胞はもとの形に戻り，気孔は閉じる．気孔は一般に，光が強く高温多湿で，光合成が盛んになるときに開く．1日では夜明けから開きはじめ，夜には閉じている．日中には気孔が開いて，二酸化炭素を大気から取り込み，酸素を放出する．それとともに蒸散も盛んになり，根からの水分や無機塩類の吸収も活発になる．日中でも，強い日照りで空気が乾燥すると，気孔が閉じて，水分の損失は抑えられる．また，葉の内部の水分が少なくなるとアブシジン酸の量が増えて，その作用で気孔が閉じる．孔辺細胞の膨圧が下がったときに気孔が閉じることになる．

植物は二酸化炭素と同様に，葉の気孔からアンモニアガスや亜硝酸ガスを吸収し，速やかに同化する．家畜糞尿を散布した牧草地では，牧草の全窒素同化量のうち，10〜20% はアンモニアガスの形で同化されるという報告もある．また，亜硫酸ガスも気孔から吸収され，硫黄欠乏土壌では，植物の全同化硫黄の約 50% が大気中の亜硫酸ガス由来との報告や，大気汚染の減ったイギリスでは，硫黄欠乏地帯のコムギがタンパク質中の硫黄含量の低下で製パン時の膨張率が低下したと報告されている．

アクアポーリン

細胞や細胞小器官の種類により，水の透過性に関しては大きな違いがある．純粋な脂質二重膜における水の透過性はかなり低い．最初に腎臓や血球に見いだされた水のための膜チャンネルをアクアポーリンと呼び，そのタンパク質は植物の原形質膜や液胞膜にも見いだされた．このタンパク質は水の移動に関して主要な役割を持ち，多くの類似タンパク質が植物で報告されている．シロイヌナズナのアクアポーリンでは 35 種以上の遺伝子ファミリーがあり，それぞれ異なる器官で環境変化に応じて発現する．アクアポーリンのそれぞれのサブユニットは 6 個の膜貫通ドメインを持ち，4 量体を形成するが，それぞれのサブユニットに孔があり，1 秒間に 10^9〜10^{11} 個の H_2O を通す．このチャンネルではプロトンはあまり通さないが，ある種のアクアポーリンは CO_2 を通すことが明らかになっている．このアクアポーリンという名称は，誤解を生じやすい．なぜなら第 5 講でふれる本来のポーリンは，β-シート構造の孔を持つ非選択性の性質であるが，アクアポーリンはこれとは明らかに異なり，トランスポーターやイオンチャンネルのような膜貫通ドメインを持つからである．

Tea Time

植物はどこまで高くなれるか

現在，地球上で最も高い木はカリフォルニアにあるセコイアで112.7 m である．植物は高くなるほど光をめぐる競争において有利になるが，光合成に必要な水を高いところまで輸送しなければならない．木の先端まで水を運ぶ仕組みは，凝集仮説によると，道管内の水が泡などで遮られることなく満たされ，葉からの蒸散によって負の圧力ができ，これが根まで伝わって水柱を引き上げると考えられている．この仮説によると，1 m 当たり 0.0098 MPa の力で吸い上げる力を増加させないと木の先端まで水を運べない．100 m 以上の樹高を持つセコイアでは昼間は蒸散によって 0.016 MPa/m の割合であったが，夜明け前の蒸散がほとんどおこらず一番吸い上げる力が小さいときには 0.0096 MPa/m の割合であり，仮説の値とほぼ等しく，限界の状態であることがわかった．また，1.9 MPa よりも低圧条件下では空気が道管内へ流入したり道管液が気化し泡が発生して水を運べなくなる．この 1.9 MPa になるときの高さを計算すると 122 m であった（Koch, *et al*., 2004）．

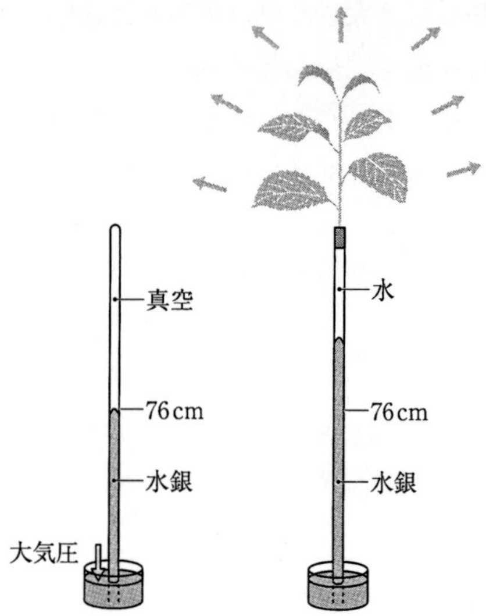

図 1.4　蒸散による水の上昇（高橋ら，2005）

水分の吸収や蒸散・凝集力は高校の生物Iで学習する．ある教科書では，蒸散による水の上昇で，凝集力を表すため図 1.4 のように示してある．この図では，明らかに植物の茎より太いガラス管を用いている．

一方，植物生理学のテキストで，ベーム（Böhm）の凝集理論を紹介しているが，毛細管を用いて水同士の凝集力に加えて，水のガラス壁および水と毛細管の中の水銀との粘着力から，水銀柱は 100 cm にまで達するベームの実験内容を記載している．しかし同時このような高い張力下での実験では枝を用いて行うことは実質上非常に難しいと述べている．図 1.4 のように，このようなガラス管で水銀柱が 1 m も上昇するかどうか疑問である．

第 2 講

植物の構造と機能

キーワード：維管束　道管　木部　師管　師部

原核生物は単細胞生物が普通で，分裂後も分離独立して生活する．一方，真核生物にはクロレラのような単細胞のものもあるが，多くは互いに連絡しあった多数の細胞で体をつくるようになった．多細胞化は，生物にいろいろな機能を持つきっかけになった．ひとつは身体を大きくできることで多くのメリットが生まれることである．単細胞生物ではエネルギーの取り込みも物質の摂取や排出も体細胞表面に依存するが，体積は半径の 3 乗に比例し，面積は半径の 2 乗に比例するため，単細胞生物では大きくなるにつれて体積の増加は表面積の増加に追いつかない．せいぜい 2 mm くらいが単細胞の限界であるが，多細胞体ではこの限界を脱却することができる．また単細胞では水の中でないと生活できないが，多細胞化により陸上という環境に進出することを可能にした．

根茎葉への分化

植物では多細胞化は細胞を積み上げていく方式をとる．植物細胞は丈夫な細胞壁で囲まれているため，細胞の並び方に方向性が生ずる．先端の細胞は常に分裂能力を持つが，下のほうでは分化して細胞壁が厚くなり分裂能力を失い固定されていく．このような方法では動物のように移動には適していないが，食物を探す必要のない植物では移動する必要が生じない．動物でも海棲のウミシダ（棘皮動物）では，水で運ばれてくる餌で十分なものは植物と見間違うほど似ている．生物の形態

を決めているのは，動物か植物かでなく栄養の取り方にある．そのことは，動物と植物の本質的違いは，動くか動かないかでなく，栄養摂取の仕方で決まる．

多細胞藻類では機能的分化はなく，体全体で光合成と養分吸収の両方を行なっている．その中で，コンブやホンダワラなどの大型海藻では葉状部，茎状部，付着器の形態分化が見られる．これに機能分化を備えるようになったのが，陸上部の葉，茎，根である．海藻が陸地に上陸する際に，葉では光合成と CO_2 吸収，根では水と無機養分吸収，茎ではその間を同化産物と水・無機養分の相互の通り道にそれぞれ分化し，環境に順応して陸地に固着したと思われる．植物の栄養は，光合成，窒素同化，ミネラル要求性，養分の吸収・輸送・排泄の4つに分けられる．

根

根は，地上部を支える役割と，水と無機栄養の吸収をおもな機能とする器官であり，進化の過程で，水中に住む藻類から陸地に上陸したときから次第に発達してきたと考えられている．苔類や蘚類では仮根と呼ばれる単純な器官で，通導組織の分化は低く，真の維管束はない．シダ植物，裸子植物，被子植物ではじめて維管束を持つようになり，これらは維管束植物と呼ばれる．

植物は湿地密林での板根やマングローブでの気根など，その成育する土壌環境に適応していろいろな形の根を持っており，同化産物の貯蔵や，栄養生殖器官としての役割も担っている．また茎や葉など，根以外の器官からも根が生じ，このような根は不定根と呼ばれる．特にイネ科では地表近くの茎から多数の不定根を生じ，地上部の植物体を支える役目をしている．根は先端部から，根冠，根端分裂組織，伸長域，成熟域に分けられ，横断面からは，外側から表皮（根毛を含む），皮層，内皮，内鞘，維管束（中心柱）から成り立っている（図1.2）．通常は伸長域の上部に根毛は発生し，成熟域では根毛が密生している．根毛では活発に水分を吸収している．根冠は，根が伸びていくために必要で土壌中の障害を乗り越えていくための組織である．また根冠は，アラビノース，ガラクトース，ガラクツロン酸からなる粘性多糖を分泌し，また根冠の外層ははがれやすく土壌との摩擦を和らげるのに役立っている．根の維管束系はすべての維管束植物に共通しており，放射維管束（放射中心柱）の形をとる（図1.2）．根の最も重要な役割である水と無機養分の吸収は，根の先端に近い若い伸長域で活発に行なわれている．根毛は水を最もよく吸収し，その先端部細胞壁は柔らかく土壌粒子と密着する．根毛により根と土壌との接触面積は増大し，草丈 50 cm のライムギの根毛は 140 億本にもなるため，根毛全面積は約 370 m^2 にもなり，根の表面積全体では 600 m^2 にもなる．それに比べて地上部の茎と葉をあわせた表面積は 5 m^2 にもならない．根毛は水吸収が大きな役割を占め，乾燥土壌のほうが湿潤土壌より発達する．そのため，水耕ではほとんど根毛が見られない．

根の伸長速度は速く，トウモロコシなどの幼植物根は1日に数センチも伸びる．そのため生長の盛んな個体では側根や不定根の数が多く，1個体当たりの根の伸長量は大きい．たとえばライムギでは1個内当たりの根の全長は600 kmにもなり，1日に5 kmも伸びる．根毛もあわせると全長は1万kmにもなる．われわれは，通常は植物個体の地上部しか見ないため，根の存在を軽視しがちになるが，植物個体の根の役割は想像以上に大きいといえる．そのことは，植物が生育場所を固定して環境に適応して生きていくことから考えると理解できる．

根の重力屈性反応は，根端基部の根冠にある特定の細胞群（平衡細胞）が重力の方向を感知し，そこからの刺激で，伸長域細胞の伸長速度に偏りがおきるためである．平衡細胞の中のアミロプラスト（デンプン粒）が，重力方向に沈降することで，重力刺激を感知する．

茎

茎は植物の体性を決定する最も重要な器官である．木本では幹と枝で葉の空間配置が決まる．これを樹冠という．地上部の茎を地上茎というが，それに対し地下茎には，タマネギのように肉厚の葉の下に短い茎（鱗茎）をつくるタイプもあれば，ジャガイモのような地下茎が膨らんだ塊茎，コンニャクの球形（コンニャク芋）などがある．茎の内部構造は，外側から表皮，皮層，維管束系，髄で構成される（図2.1）．

維管束は，植物に必要な水，無機栄養，同化産物などの通路となる通導組織である．維管束系は茎において最もよく発達しており，形態学的にも複雑な組織である（図2.2）．通常，維管束は木部と師部の2つの複合組織からできている．木部は，

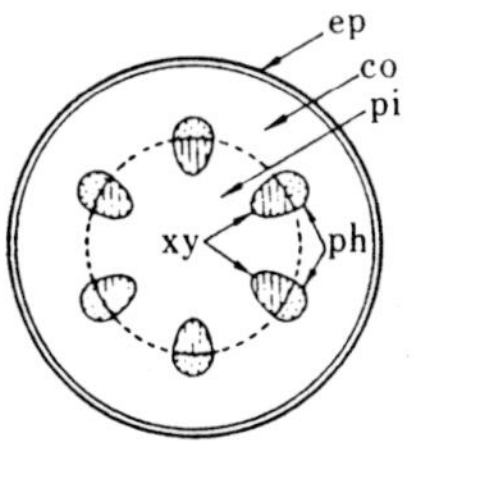

図2.1　茎の断面図の模式図
ep：表皮，co：皮層，pi：髄，xy：木部，ph：師部．

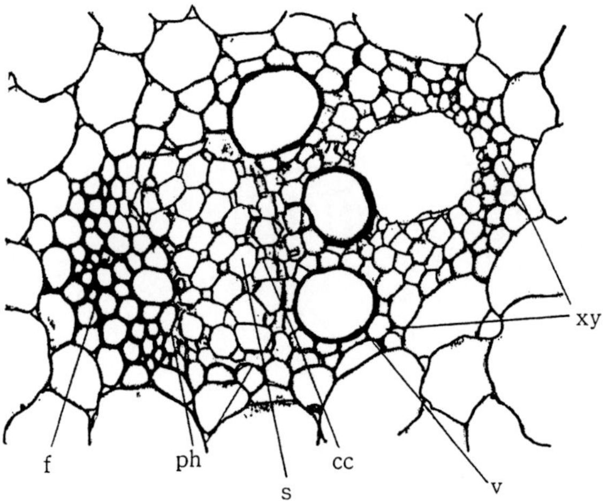

図2.2　単子葉植物の維管束の断面図（Muller, 1979）
xy：木部，ph：師部，cc：伴細胞，s：師管，v：道管，f：師部厚壁組織（繊維）．

道管，仮道管，木部柔組織，木部繊維で構成され，道管，仮道管の中を水が上昇する．水の上昇が盛んな春には太い道管がつくられ，秋には細い仮道管や木部繊維がつくられる．これが年輪となる．師部は師管，伴細胞，師部柔組織，師部繊維からなる．

師管は同化産物の通路であり，縦列の師管細胞からなる．隣接した細胞の障壁には，師板と呼ばれる構造で，師板には多数の師孔という小さな孔があり，この師孔を通じて有機物が運ばれる．茎が障害を受け師管が切断されると，ただちにカロースと呼ばれる多糖類が合成されて切断された師管を塞いで有機物の漏洩を防ぐ．師部繊維は師部を機械的に支えている．

形成層は二次分裂組織で，その内側に二次木部，外側に二次師部を形成する．裸子植物と被子植物の，木本性植物の茎の肥大は形成層の分裂がもととなる．草本性双子葉植物では，形成層の発達は悪く，単子葉とシダでは形成層を欠く．茎の形成層は維管束内形成層と維管束間形成層からなり，互いにつながり環状となって，肥大生長する．

髄は，茎の中心部にある組織で，維管束より内側に位置する．ふつう柔組織でできている．木本性植物ではデンプン粒を含み，貯蔵組織となることが多い．多くの草本性植物では，髄組織が欠落して髄腔と呼ばれる空洞ができる．

葉

葉は光合成，栄養物質の転換反応，水の蒸散などを行なう最も重要な栄養器官である．ふつう，葉は扁平な葉身と，それを支えて茎と連結している葉柄，葉柄の基部にある托葉からなるが，植物によっては形態や機能の変化が著しい器官である．

葉を構成する組織は，表皮組織，葉肉組織，通導組織である．典型的な被子植物の葉の断面図を図 2.3 に示す．

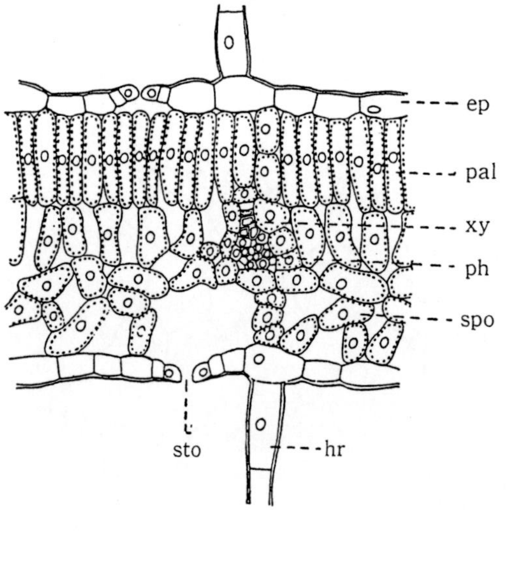

図 2.3　タバコの葉の断面図（Hayward, 1967）
ep：表皮，pal：柵状組織，xy：木部，ph：師部，spo：海綿状組織，sto：気孔，hr：毛茸．

表面は表皮組織におおわれ，内部には葉肉組織があり光合成を営む．表皮組織の外気との表面にはワックスが分泌されクチクラ（角皮）層を形成している．葉肉細胞には表皮の下の柵状組織とその下に海綿状組織がある．この組織の間に葉脈がある．葉脈の上部（向軸面）には木部，下部には師部が配置されている．サトウキビなどの C_4 植物では葉脈の外側に維管束鞘と呼ばれる組織に取り囲まれて，効率のよい炭酸固定が行なわれている．

落葉植物，常緑植物を問わず，植物の葉は老化とともに脱落する．このとき，クロロフィルは分解されて葉は変色する．古い葉が落葉する前は，再利用できる有機化合物のほとんどは分解され，落葉のときには植物本体に吸収されている．そのかわり，植物体にとって不用となった無機物や有害物質は，落葉する葉に貯められ排出される．落葉は植物にとっての排出機能を果たしている．

農作物の単位面積当たりの収量は，総光合成量に依存している．それは単位面積当たりの葉の面積（葉面積指数）と葉における単位面積当たりの光合成量の積に依存している．一般に直立型の葉では葉面積指数が高い．イネなどの穀類は直立型の葉を多数出して，下葉にも光が当たるような葉の配置をとる．日中の太陽光の強さでは，葉を何枚も重ねたほうが全体としては総光合成量が大きいことになる．イネはその植物体の重量に比べて収量が多いのはこの理由による．

Tea Time

道管はどうやってできるか

道管はたくさんの死んだ細胞が一方向につながってできたものである．道管のもとの細胞は生きていて隣り合った細胞が次々に道管の細胞としてのアイデンティティーを持つようになり，その後細胞死がおこって道管となる．細胞のアイデンティティーを持たせるようなシグナル分子がヒャクニチソウで見つかり，ザイロジェンと名付けられた．ザイロジェンはタンパク質に糖鎖のついたプロテオグリカンで分化途中の細胞の道管ができていく（未分化な）側だけに発現し，隣の細胞を道管に誘導する．ザイロジェンの遺伝子を壊したノックアウトシロイヌナズナでは道管の分化がうまくおこらなかった．また，ザイロジェンは双子葉植物だけでなく，単子葉植物の道管形成を引きおこすことがわかった．植物は分化全能性を持つことが知られており，一度分化した細胞でも条件さえ整えれば植物全体を再生することができる．ヒャクニチソウの葉の光合成細胞も道管細胞へ再分化させることができる．光合成細胞をオーキシンとサイトカイニンの濃度を調節すると，脱分化した状態になり，道管前駆体の細胞を経て，特有のらせん状の模様を持った道管細胞になる．この培養細胞系を使って約1万種類の EST によるマイクロアレイから道管細胞への分化転換を制御する遺伝子の探索が行なわれた．その結果，分化段階に応じて発現が異なる遺伝子群が見つかり，これらの中から道管細胞への分化の転換を制御する遺伝子が見つかった．この遺伝子は転写因子をコードしており，この遺伝子を強制発現させたシロイヌナズナではいろいろなところに道管のようならせん状の模様のある細胞壁を持つ細胞ができた（Fukuda, 2004）．

第3講

土と土壌

キーワード：粘土　腐植　団粒　水はけ　水もち

土は，地殻の岩石が風化してできる．そのため，土の無機成分は，風化された岩石の種類で異なる．岩石の65％はマグマが冷却してできた火成岩である．火成岩は，ケイ酸（SiO_2）以外の酸化物である酸化マグネシウム（MgO）や酸化鉄（FeO），酸化カルシウム（CaO）などの無機成分の違いで分類される．また急速に冷やされてできる火山岩と，地下深くゆっくり冷えてできる深成岩に区別され，前者では玄武岩や安山岩，後者では斑れい岩や花こう岩がある（図3.1）．

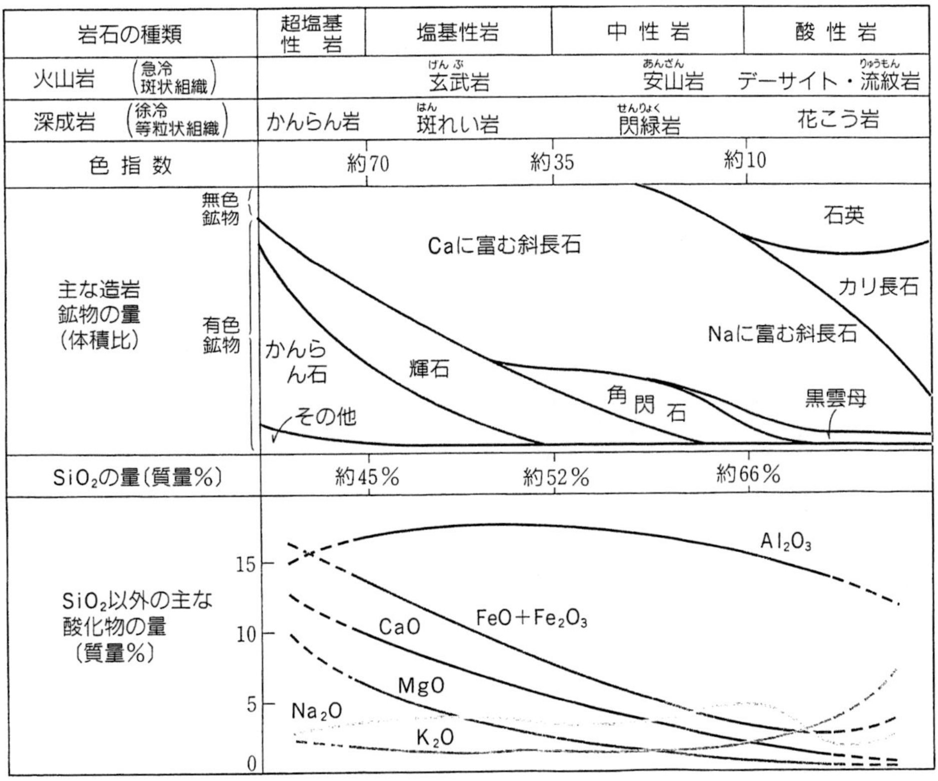

図3.1　火成岩の組成と分類（松田ら，2005）

岩石の風化

岩石の風化は，地表に露出した部分の温度変化やしみ込んだ水の凍結などで細かく砕かれていく（物理的風化）．また岩石は水とともにあると，化学反応がおきて，鉱物のあるものは粘土鉱物に変わる（化学的風化）．たとえばカリ長石は水に含まれる二酸化炭素と反応して粘土鉱物のカオリンに変わる．

河川の働きで，細かく砕かれた岩片や鉱物片などの砕せつ物は，大陸と海洋の境界に堆積する．また海洋中央部では，風で運ばれた微粒な鉱物やプランクトンの遺骸がゆっくりと堆積する．これらの堆積物は圧縮や脱水などの続成作用で緻密となり堆積岩となる．これら堆積岩は，岩石の破砕の程度で，礫岩，砂岩，泥岩に分類されるが，また生物起源のものでは炭酸カルシウム（$CaCO_3$）がおもな石灰岩や，SiO_2 がおもなチャートなどがある．また火山噴出物が堆積した凝灰岩もある．また火成岩や堆積岩が，高い温度や圧力に長く置かれてできる変成岩があり，たとえば石灰岩が変成したものが大理石である．

土の成り立ち

物理的風化についで，約4億3,000万年前，風化した岩屑にカビ類と藻類の共生体である地衣類が生息しはじめた．カビ類は水や養分を吸収する根の役割を果たし，藻類は光合成を行なって炭水化物を生産することで，地衣類により岩屑に有機物が蓄積していった．また風化物は雨や地衣類の遺体が分解される過程で生じる炭酸や有機酸に溶かされることで，リン酸やカリウムなどの植物無機養分が土壌にしみ込み，永い年月で次第に土に変わっていったと考えられている．

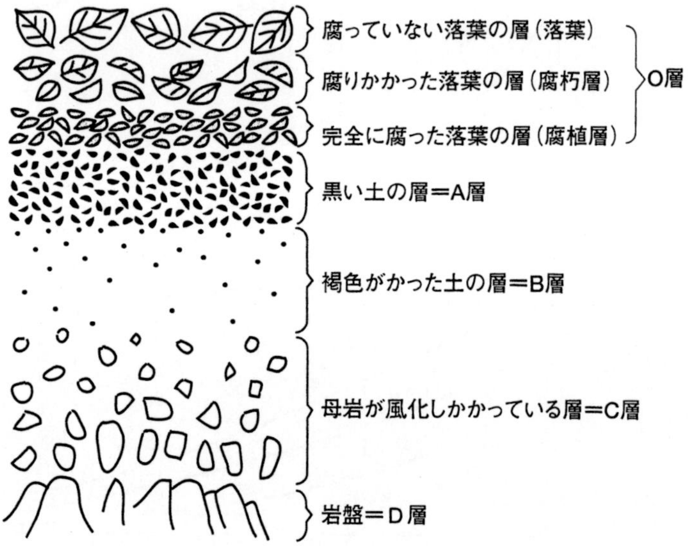

図3.2　森林の土の断面図（塚本・岩田，2005）

また地衣類から草本類，灌木類，そして低木から高木へと植物が多様化していき，土に有機物を与える割合も増加していった．現在，日本の典型的な森林の土の断面を図 3.2 に示した．

まず下葉や落葉を取り除くと，まだ腐りかけてはいるが葉の原型をとどめている腐朽層が現れる．その下には，腐りきった柔らかい腐植層がある．ここまでを全体に O 層という．さらに掘っていくと，0.1～数 mm のサラサラとした感触の粒子の黒い A 層が現れる．粒子は水に入れただけでは壊れない団粒構造でできている．A 層の下の B 層は全体として褐色ではあるが，B 層の上のほうは A 層から溶出してきた腐植物質が集積してかなり黒く，下にいくにしたがって褐色になっていくので，A 層と B 層の境が明瞭でないことも多い．B 層の下には岩石が風化して細粒化した C 層があり，さらにその下には岩盤の D 層がある．

なお，火山が多数存在する日本には，火山灰土が多くある．火山灰土は，土の容積に対する間隙の割合がかなり大きくそのため比重が小さい．火山灰土地帯の地層の断面は色の異なった層が幾重にも重なっているのが多く見受けられる．これは，黒みがかった下層では，植物が昔生育したために腐植が残っている．そしてそのあとさらに火山活動で火山灰が降り注いだためにできた層である．

粘土と団粒

土の粒子は，大きさから直径が 0.02～2 mm の砂，0.002～0.02 mm のシルト，そして 0.002 mm 以下の粘土から構成される．粘土は化学組成も大きさもきわめて多様な物質からできており，カオリナイト，ハロイサイト，スメクサイト，アロフェンなどがある．粘土は，二酸化炭素を含んだ雨や，植物の根から分泌された有機酸を含んだ水にさらされて岩石が化学変化をおこしてできたもので，その点で母岩のままの砂とシルトとは異なっている．

粘土の持つ重要な性質は，一般に表面積がきわめて大きく，またマイナスに帯電していることである．そのため，植物の栄養分である無機イオンを粘土の表面に吸着し，それらが降雨などによって下方に流されるのを防いでくれる．砂目の土に化学肥料を与えても，雨が降るとすぐに流されてしまう．粘土はまた表面積が大きいため，アンモニウム，カリウム，カルシウムなどのプラスのイオンを大量に吸着できる．粘土の持つもうひとつの重要な性質は団粒を形成することである．植物の根は 2 つの生理的役割を持っている．ひとつは呼吸で，もうひとつは水と養分の吸収である．呼吸には空気（酸素）が必要で，水はけのよい土でないと根は呼吸できない．一方，水と養分の吸収のために，根のそばに水が保持されていることが不可欠である．水もちのよい土でないと植物は生きてはいけない．しかし水はけと水もちは完全に相反する性質である．砂土では水もちが悪く，粘土では水はけが悪いためどちらも植物はうまく育たない．土中の間隙の大きさである間隙径が小さいほど水

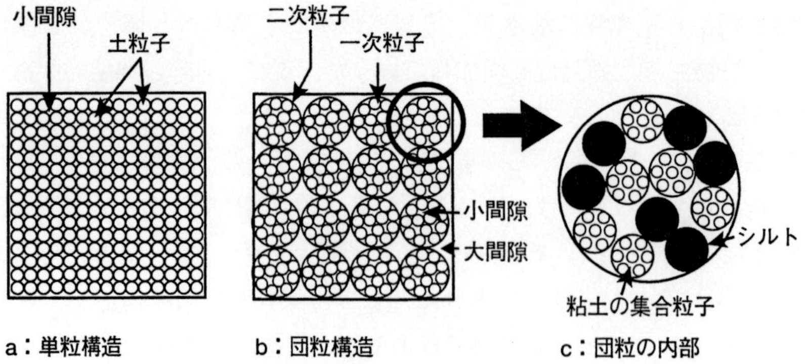

図 3.3　単粒構造と団粒構造（塚本・岩田，2005）

もちがよくなる．土の持つ大きな特性は，間隙が多いことであり，間隙を多くするには団粒構造が必要で，水もちをよくするにも団粒構造が必要である．水はけと水もちの両方を満たす唯一の構造が団粒なのである．団粒はシルトと粘土がくっついてできる集合体であり，またくっつけるのには腐植もかかわっている（図 3.3）．

マイナスの電気を帯びている粘土同士が，カルシウム，カリウム，鉄などのプラスに帯電している原子を介してシルト程度の大きさの集合体をつくる．この粘土の集合体やシルトが図 3.3 b の一次粒子である．この集合体とシルトがさらに結びついてできる大きな集合体が二次粒子で，これが団粒である．二次粒子を構成する粘土の集合粒子とシルトを接着するのが有機物の分解過程で生じるある種の高分子の腐植である．この腐植がシルトと粘土をしっかりとくっつけるために，水に浸かった程度ではこわれない．腐植がないと，団粒構造が崩れて，図 3.3 a の単粒構造となり，水もちはよいのだが，間隙が少ないため，水はけがわるくなる．水はけのよい砂と水もちのよい粘土をただ単に混ぜても，両方のよい性質は保てない．団粒の大きさは砂とほぼ同じ 0.1～数 mm の大きさで，砂と同じように水はけがよい．一方，団粒内部には，粘土同士の集合体のきわめて小さい間隙や，粘土集合体とシルト間の中くらいの間隙が存在し，とても水もちがよい．晴天つづきの地表面からの水分の蒸発が激しくなっても，団粒内部の水はほとんど蒸発することはない．特に粘土集合体内部の水は強く粘土に吸着している．団粒間の間隙は空気で満たされ，団粒内部の水は互いに不連続になっている．植物の根毛が団粒に接触し，また内部に伸長してきたときには団粒内部の水は根に吸収される．粘土には団粒形成のほかに，pH の急激な変化を和らげ，土の化学的恒常性を保つのに大きな役割を果たす．

腐　　植

土は岩石起源のものだけでなく，有機物も重要な構成成分である．まず先に述べた団粒構造の粘土集合体とシルトを結びつける糊の役割をする．また土中微生物や

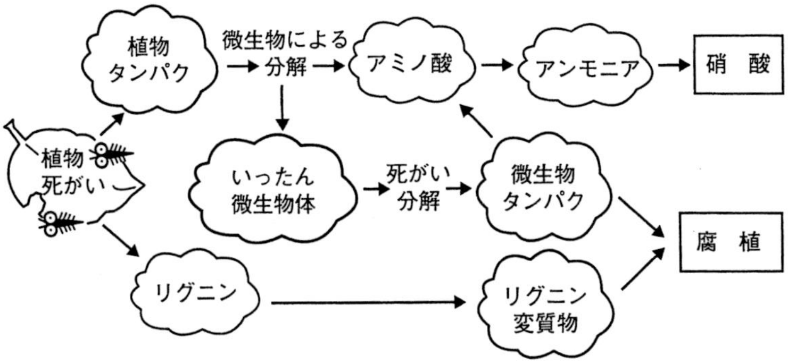

図 3.4 土壌中でのタンパク質の分解と腐植の生成（塚本・岩田，2005）

土中動物の餌となり，病害虫の発生を防ぐ役目を果たす．そして岩石起源の粒子同士がくっついて固化するのを防ぎ，根を張りやすくすることにもなる．それ以外にも有機物は土の中で分解され植物のための栄養分を供給する．土中有機分の大半を占める腐植はマイナスに帯電しており，粘土とともにカチオンの養分の保持と化学変化を和らげるなどの働きがある．

腐植とは図 3.4 のように土中に供給された植物遺体や動物遺体といった生物遺体が，土中の微生物や小動物によって分解，合成されたものである．

生体からの遺物の成分で，まず糖，デンプン，タンパク質が分解され，次にセルロースが分解されて，あとには木質細胞の構成成分であるリグニンが残されるが，このリグニンも微生物の作用を受けて変質していく．一方，土中微生物の死がい成分（おもにタンパク質）と変質したリグニンが，微生物の作用のもとに再合成された高分子が腐植である．おもに変質リグニンのため腐植は黒い色をしているので，腐植を含む土は黒みがかっている．腐植は分解されずに残ったものから構成されているので，比較的安定である．しかし，最終的には二酸化炭素，水，アンモニア，ミネラルに分解されていく．

このほかに，有機物を分解する微生物や，土壌動物のミミズやアリなども土の仲間に入れることもある．特にミミズは土地を耕作し，団粒化に大きく寄与している．

最後にまとめると，土はホメオスタシス（自律的恒常性）を持つという特徴がある．まず化学的恒常性として pH の緩衝作用があり，根から分泌される有機酸や，ミネラルを吸収するときにプロトンを放出するため，土の緩衝作用は根だけでなく，そこに住む微生物や動物にとって重要な性質である．この性質は粘土と腐植の働きによるものである．次に物理的恒常性として，温度の変化を和らげる働きと水分の保持が挙げられる．そして生物的恒常性も挙げられる．病原菌や病害虫が入ってきても急激な繁殖を抑える役割は，土の中の多様な生物群のおかげである．

Tea Time

室内の土壌とホルムアルデヒド

オフィスに植栽（グリーン）を持ち込むことが1960年代から盛んになってきている．それは，はじめは吸音効果，ストレスの軽減，パーティション効果などの理由からだったが，それに加えて最近では湿度管理や空気清浄効果が期待できることがわかっている．実験ではグリーンがないオフィスでは空調のために湿度の変化が激しく，最大30％近くまで湿度が下がり，ドライアイ（眼球の表面が乾燥するために目が赤く充血する）になりやすいが，グリーンを置くと1日を通じて快適な湿度である50～60％が維持できることがわかっている．しかも仕事終了後に消灯したとき葉の気孔が閉じるため，エアコンをオフにしても過湿になりにくいという利点もある．また空気清浄効果に関しては，VOC（揮発性有機化合物）の数値は，グリーンを設置する前が230であった指数が設置24時間後には35にまで下がることが報告されている．同様に臭気除去率も設置前は指数40が設置24時間後には9にまで除去される．この場合のグリーンの量は6畳で鉢2個である．

シックハウスの原因の1つに挙げられるホルムアルデヒドの減少にも植栽が有効であることが証明されているが，この場合は鉢の土壌中のバクテリアが寄与しており，切り花でなく鉢植えであることが大切である．グリーンには眼精疲労に対する効果も報告され，グリーンのない環境では時間の経過とともに眼の疲労が大きく現れるが，グリーンがあると疲労増加のカーブが緩やかになる．第16講で取り上げる植物用有機栄養補助液（プラントサプリ）で，長期間室内で植栽が保持できるようになれば，オフィスの職場環境もよくなるように思われる．以下はプラントサプリでの室内実験の結果である．

日の射さない室内において8か月間プラントサプリで育てたハイビスカス

対照として水道水を与えて2か月後に枯死したもの

第 4 講

光合成と炭酸同化

キーワード：葉緑体　　クロロフィル　　カルビン回路

光合成ではクロロフィルが吸収した光エネルギーを利用して二酸化炭素（CO_2）が固定されて有機物が合成され，以下の反応式にまとめられる．

$$6\,CO_2 + 12\,H_2O + \text{光エネルギー} \longrightarrow C_6H_{12}O_6 + 6\,O_2 + 6\,H_2O$$

光合成過程は，光の強度，CO_2 濃度，温度などの環境要因に影響される．

光強度と光合成速度

光が弱いところでは光合成速度は光強度にほぼ比例して増加するが，ある程度以上の強度では光合成速度は増加せず，飽和に達する（図 4.1 a）．このときの光強度を光飽和点という．しかし，コムギなどの C_3 植物では，光強度が強すぎると CO_2 のかわりに酸素（O_2）を取り込んで，逆に CO_2 を放出するようになる．これを光呼吸という．一方，光が弱いと呼吸で発生する CO_2 濃度が光で利用される量を上回り，結果として CO_2 が放出されることになる．呼吸による発生と光合成による利用が等しくなると，CO_2 の出入りが見かけ上ゼロとなる．このときの光強度を補償点という．本当の光合成速度は，見かけの光合成速度に呼吸速度を加えたもので，補償点も速度の曲線形も植物で異なる．補償点の大きい陽生植物に比べ

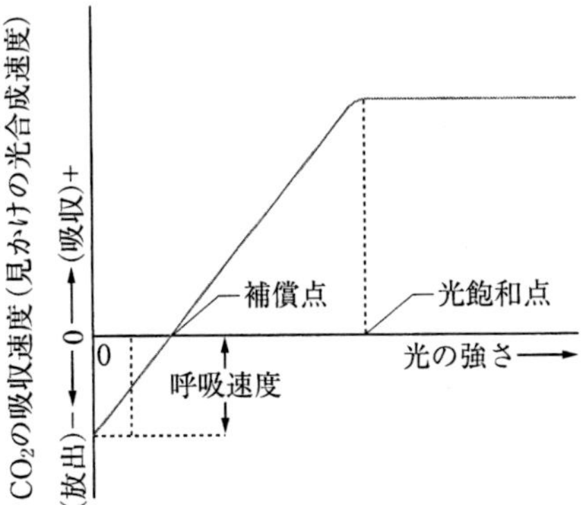

図 4. 1a　光の強さと見かけの光合成速度

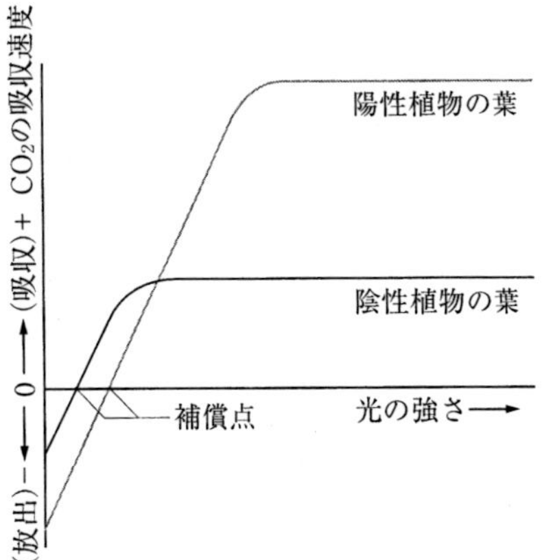

図 4. 1b　陽生植物と陰生植物の光合成速度

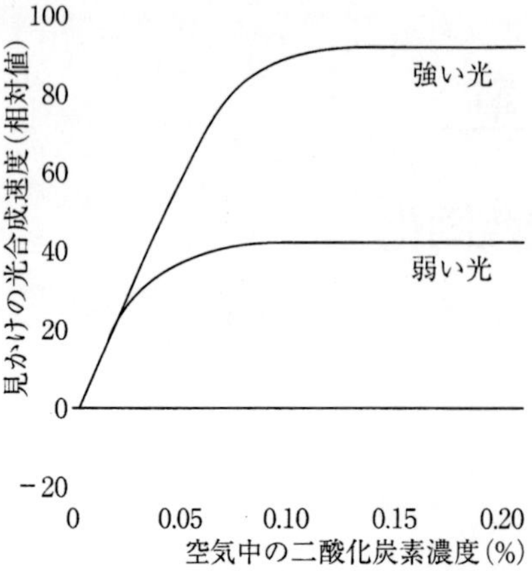

図 4.2a　二酸化炭素濃度と光合成速度

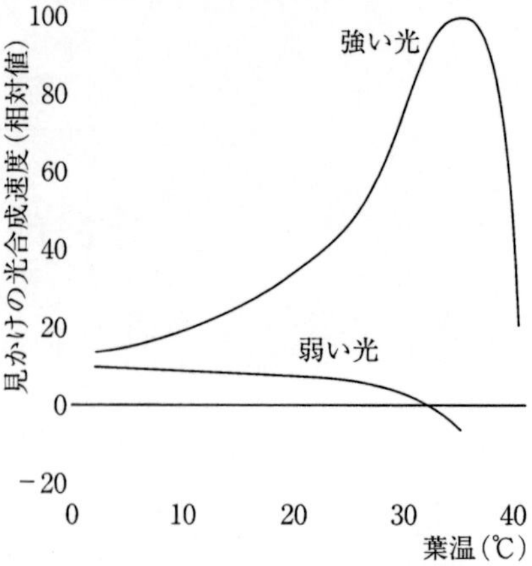

図 4.2b　温度と光合成速度

て，小さい陰生植物は，森の中の薄暗いところでも生存できる（図 4.1 b）.

二酸化炭素濃度，温度と光合成速度

光合成速度は，CO_2 濃度が低い範囲では濃度に比例して増加する（図 4.2 a）. 現在の大気中の CO_2 濃度は 0.037% であるが，光が十分の強度であれば 0.1% をこえても増加する．現在の大気中の CO_2 濃度は人間活動のために毎年上昇を続けているが，植物にとって現在の CO_2 濃度はまだ濃度に比例して光合成速度が増加できる範囲ともいえる．特に真夏の無風状態の水田などでは，高い光合成速度のため葉の中の CO_2 がすぐに吸収されてしまい，CO_2 濃度不足になり，光合成速度がかなり低下してしまうことが知られている.

強い光のもとでは，温度が 30°C くらいまでは温度の上昇とともに光合成速度が増加するが，それ以上の温度になると速度が低下する（図 4.2 b）．一方，光が弱いときには光合成速度そのものが小さく，ある範囲では温度の影響を受けずにほぼ一定となる．このことは，温度が十分でも光が不足すると光合成速度は抑制される．この場合光合成速度に関する環境要因では，光が限定要因となる．また，光が弱いとき，温度が高すぎると，やはり呼吸量が増加して見かけの光合成量は低下する．室内で観葉植物を置いた場合にも，通常の室内照度は補償点以下のため，室内の温度が高いと植物の呼吸量が増加して下葉の枯れ方が早くなることがある.

光エネルギーの吸収の場——葉緑体

地球には莫大な量の太陽光が降り注いでいる．植物の光合成はそのごく一部を利用しているにすぎないが，それでも年間に約 1,200 億 t の炭素を有機物にとりこんでいる．これは，化石燃料で放出される量の約 20 倍であり，大気中の全 CO_2 の 17% に達する．大気中の CO_2 濃度の上昇は化石燃料以外に焼畑農業などもかかわっている．

植物での光合成は葉緑体で行なわれる．葉緑体は直径 5〜10 μm の大きさで，電子顕微鏡で見ると，チラコイドと呼ばれる平たい袋状の構造が観察される．種子植物や羊歯植物では，チラコイドが積み重なってグラナを形成している．チラコイドにはクロロフィルやカロテノイド色素が埋め込まれていて，光エネルギーを吸収する光化学反応が行なわれている．

チラコイド以外の間質の部分はストロマと呼ばれ，CO_2 を有機物に変える種々の酵素が含まれている．これらの酵素が，光化学反応で光から吸収したエネルギーを使って CO_2 を同化している．

クロロフィルが光を吸収する

光合成で光エネルギーを吸収する同化色素には，クロロフィルとカロテノイドがある．緑色植物のクロロフィルには緑青のクロロフィル *a*（Chl *a*）と緑のクロロフィル *b*（Chl *b*）の 2 種類があり，ほぼ 3：1 の割合で存在している．カロテノイドには赤黄のカロテンと黄のキサントフィルがある．これらの同化色素が光エネルギーを吸収して光合成が行なわれる．吸収された光エネルギーはクロロフィルに集められて，水の分解などに使われる．カロテンや，ルテインなどのキサントフィルは，クロロフィルとは異なった波長の光を吸収してクロロフィルにエネルギーを集める補助的な色素である．

これらの色素のそれぞれを取り出して，いろいろな波長の光を与えて，どの波長の光がどの程度吸収するかを表したものが吸収スペクトルである（図 4.3）．また，葉に直接いろいろな波長の光を照射して，どの程度光合成が行なわれるかを調べたものが作用スペクトルで，同化色素の吸収スペクトルを合わせたものとほぼ一致している．

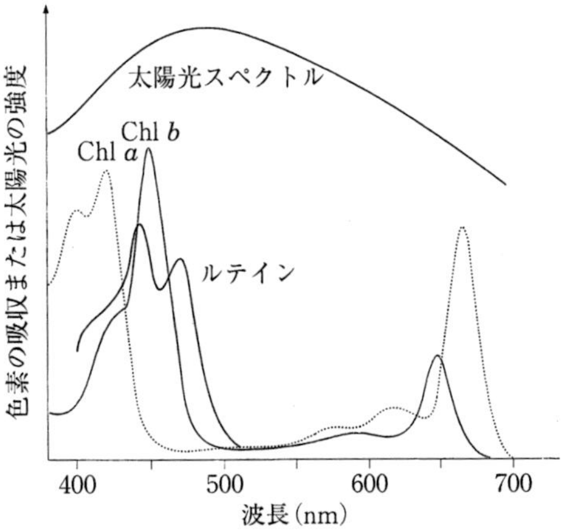

図 4.3　クロロフィル *a*，*b* とルテインの吸収スペクトル（Heldt, 2005）

水の分解と酸素の発生

同化色素に吸収された光エネルギーによって，まず水（H_2O）が分解され，水素イオン（H^+）と電子（e^-）が取り出されて，残った酸素分子（O_2）が放出される．H^+ は，チラコイド膜の中に蓄えられ，電子は電子伝達系を経て最終的に H^+ と結合して還元型補酵素（NADPH＋H^+）をつくる．この間に，電子が流れる際に放出されるエネルギーを使って ATP が生成される．この一連の化学反応の過程は，光エネルギーを吸収する光化学反応により進行するため，光化学系と呼ばれる．

1939年，ヒル（Hill）は取り出した葉緑体片に光を当てると，CO_2 がなくても酸素を発生することを示した．このとき，シュウ酸鉄（III）などの水素を受け取る物質を加えておく必要があり，これら物質をヒル試薬，この反応をヒル反応という．このヒル反応によって光合成には，光によって水分子から水素が取り出されて，水素を受け取る物質に受け渡され，酸素が発生する光化学反応を含む過程のあることが明らかになった．

またルーベン（Ruben）らは，酸素の安定同位体を含む水分子を用いた実験によって，以下の反応式から光合成で生じる酸素が水分子に由来することを示した．

$$C^{16}O_2 + 2\,H_2{}^{18}O + 光エネルギー \longrightarrow CH_2{}^{16}O + H_2{}^{16}O + {}^{18}O_2$$

このことから，発生する酸素は水分子に由来することが証明された．

炭酸同化

光化学系でつくられたATPと還元型補酵素（$NADPH + H^+$）を用いて CO_2 からグルコースやデンプンなどの有機物が合成される．

カルビン（Calvin）らは，クロレラの培養液に放射性同位体の ^{14}C を含む $^{14}CO_2$ を与え，時間とともにどのような化合物に取り込まれていくかを調べた．その結果，最初に取り込まれるのは3-ホスホグリセリン酸であることがわかった．詳しく調べてみると，CO_2 はまず炭素5個の化合物であるリブロース-1,5-ビスリン酸と結合して，炭素数が6個の化合物になるが，この分子はただちに2つに分かれ

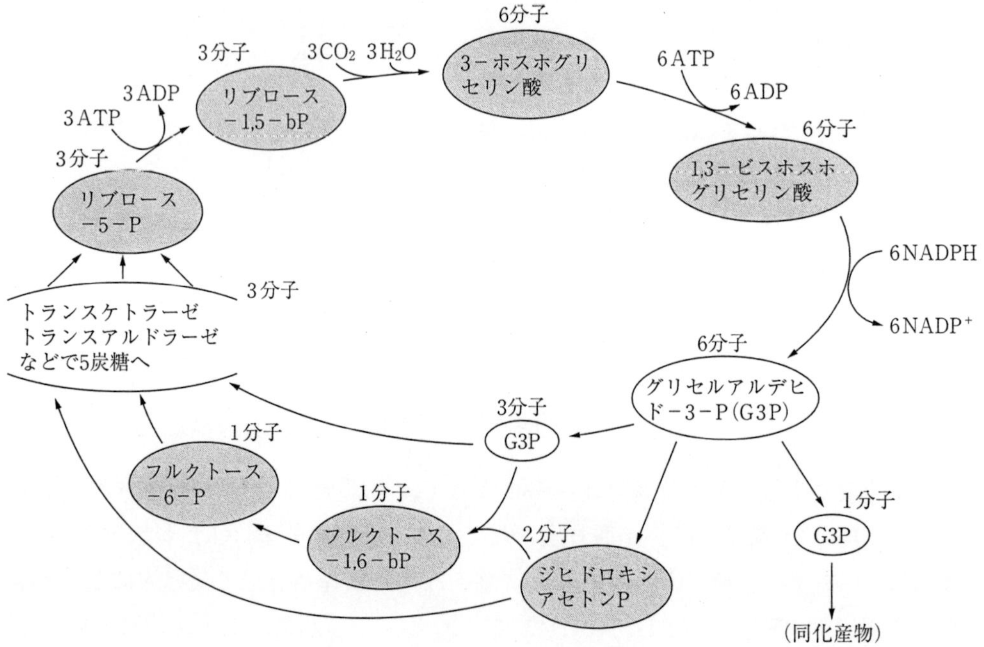

図4.4　還元的ペントースリン酸回路

て，2分子の3-ホスホグリセリン酸になることがわかった．3-ホスホグリセリン酸の大部分は炭素数の異なる数種類の化合物を経てリブロースビスリン酸が再生され，残りの一部の3-ホスホグリセリン酸からグルコースが新生する．この反応回路を還元的ペントースリン酸回路という（図4.4）．

この回路で6分子のCO_2が取り込まれると1分子のグルコースが生じるが，以下の反応には18分子のATPと12分子の$NADPH+H^+$が使われる

$$6\,CO_2+18\,ATP+12\,NADPH+12\,H^+ \longrightarrow C_6H_{12}O_6+18\,ADP+12\,NADP^+ +6\,H_2O$$

光合成産物

カルビン回路に取り込まれたCO_2はフルクトースやグルコースを経て多くはデンプンになる．デンプンは同化デンプンとして一時的に葉緑体に蓄えられるが，やがて分解されて三炭素化合物となり，葉緑体を出てから，スクロースとなって植物の各部に運ばれる．これを転流という．転流されたスクロースは，成長中の根や茎，葉，種子などで他の物質をつくるのに利用され，また呼吸で消費される．一方，貯蔵器官では再びデンプンとして貯蔵される．また，スクロースはグルコースなどを経てセルロースなどの細胞壁の成分をつくるためにも利用される．このように光合成の産物は植物の成長や繁殖に使われる．

米や小麦などの穀類の種子や豆や芋などに蓄えられたデンプンは，人類のおもな食糧となり，また細胞壁の成分であるセルロースは紙や木材に利用されている．

細菌の光合成

多くの細菌は動物と同じく他の生物の有機物に依存して生活している．ところが一部の細菌は光合成を行ない，有機物を合成している．これらの細菌は光合成細菌と呼ばれ，緑色硫黄細菌や紅色硫黄細菌がある．これらはクロロフィルに似た構造のバクテリオクロロフィルという同化色素によって光エネルギーを吸収する．この光合成では水素を取り出すために水でなく硫化水素が用いられる．そのため，これらの細菌では，以下の反応式のように酸素が発生せず硫黄を蓄積する．

$$CO_2+2\,H_2S+\text{光エネルギー} \longrightarrow CH_2O+H_2O+2\,S$$

Tea Time

半藻半獣——ハテナ？

動物の体内に植物が共生していて，植物が動物に光合成によってできた有機物を与え，動物が植物にリンや窒素を提供することはよく知られている．サンゴ（腔腸

動物）と褐虫藻（渦鞭毛藻）の関係である．ミドリゾウリムシという原生動物は単細胞の生物で，野外では細胞内にクロレラ（緑藻）を共生させていて緑色をしている．クロレラは光合成によって有機物をミドリゾウリムシに与え，ミドリゾウリムシはクロレラに窒素源を与えるとともにクロレラが光合成できるように正の走光性を示す（一般にゾウリムシは負の走光性を示す）．クロレラと共生しているミドリゾウリムシを暗いところで飼い続けるとやがてクロレラがいなくなり，無色のゾウリムシになる．無色のミドリゾウリムシはクロレラを食べるが，食べられたうちの一部が消化されずに，ミドリゾウリムシの体内に残って共生をする．ミドリゾウリムシにとってクロレラは，餌であるとともに，有機物を提供してくれる共生相手でもあるが，野外ではクロレラがいなくなったミドリゾウリムシは見られないことから，ほとんどの場合が共生関係にあるのであろう．

最近，ハテナと名付けられた単細胞の鞭毛虫が和歌山県の砂浜で見つかった．ハテナは細胞内に共生体の藻類を持っていて，藻類のような生活をする．すなわち細胞内に共生藻類を持つハテナには口がなく餌をとらない．そのかわりに光を感じるための眼点があり，体内の共生藻類が光合成を行なっていると考えられる．しかし，細胞分裂がおこると，娘細胞のうち片方だけにしか共生藻類が引き継がれず，もう一方の娘細胞は無色のハテナになる（図4.5）．

無色のハテナには共生藻類がいないので，何かを食べないと死んでしまうが，無色のハテナには，共生藻類を持つハテナで眼点があった場所に口ができる．そし

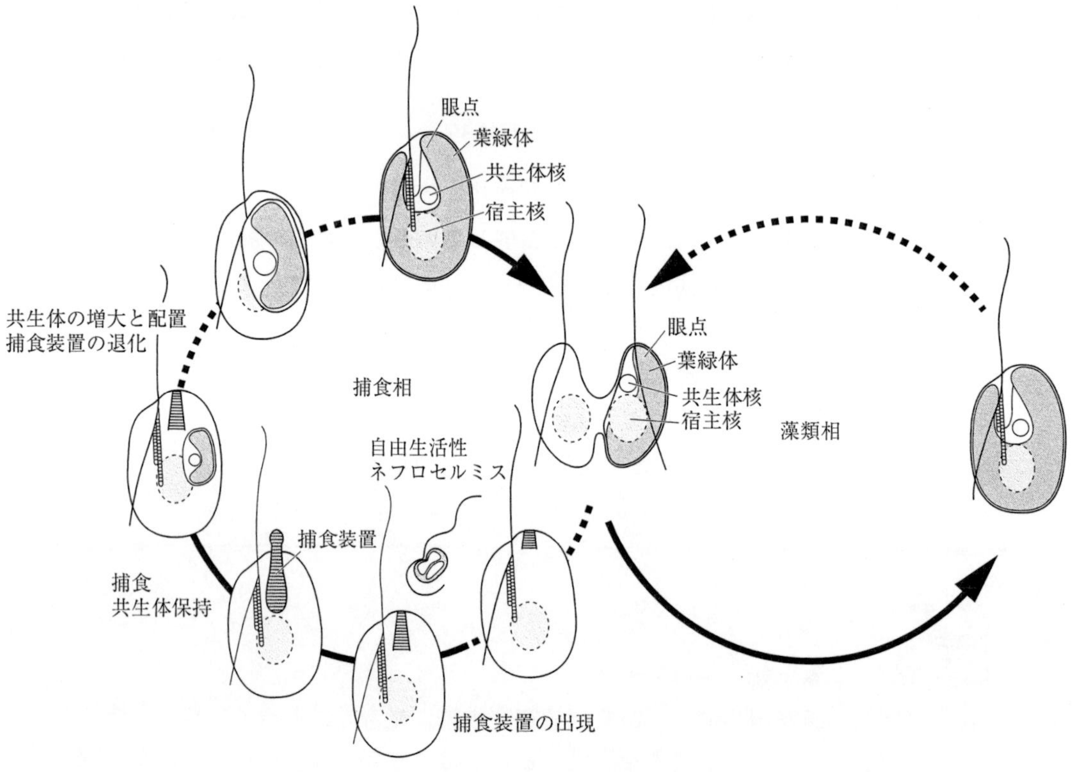

図4.5　ハテナの生活環（Okamoto and Inoue, 2005）

て，その口から共生藻類を食べる．共生藻類が体内で大きくなるにつれて口は退化し，やがて，口のあった場所に眼点ができる．このように，ハテナはあるときは藻類として生活し，またあるときは動物として生活するようだ（Okamoto and Inoue, 2005）．

第5講

呼吸とエネルギー生成

キーワード：嫌気呼吸　好気呼吸　ミトコンドリア　ポーリン　電子伝達

呼吸は18世紀の終わりごろ，ラボアジエ（Lavoisier）が呼吸と燃焼は本質的には同じ現象であることを明らかにした．さらに19世紀中ごろに，リービッヒ（Liebig）は食物として取り込んだ栄養物質が，吸い込んだ空気中の酸素で酸化されて分解し，二酸化炭素（CO_2）や水（H_2O）として排出されることを確かめた．現在では呼吸の本質とは，炭水化物，脂肪，タンパク質などの呼吸の材料（呼吸基質）からエネルギーを熱として無駄に放散しないように取り出し，生命活動に利用できるATPをつくることと理解されている．すなわち酸素を用いなくても呼吸基質からエネルギーを取り出すことが呼吸である．酸素を用いない呼吸を嫌気呼吸といい，酸素を用いる場合を好気呼吸という．

嫌気呼吸

嫌気呼吸とは，酸素を用いないで，グルコースを乳酸またはエタノールに分解する過程であり，微生物では前者を乳酸発酵，後者をアルコール発酵という．動物では，酸素が供給されにくい筋肉でおこり，乳酸が貯まる．これを解糖という．植物では，エタノールと乳酸，あるいはそのいずれかで，冠水などの場合，細胞内に貯められる．嫌気呼吸は細胞質で行なわれ，ジャガイモ塊茎やイネ科の根では乳酸であることが知られているが，エタノールに比べて限定的である．

好気呼吸

多くの生物は主要なエネルギー源としてグルコースを用いる．好気呼吸は，酸素を用いてグルコースをCO_2とH_2Oにまで分解し，効率よくエネルギーを取り出し，多量のATPを生成する仕組みである．細胞をすりつぶして，いくつかの細胞小器官の酸素消費量を測定するとミトコンドリアが最も消費していることがわかった．

ミトコンドリアは発電所である

呼吸による酸化では，炭水化物などの基質は酸素により酸化されて二酸化炭素と水になるため，この代謝系は光合成の逆経路と見なされる．地球上で光合成をする生物が酸素を放出したあとに，酸素呼吸をする生物が進化したことは明らかであり，そのことから代謝系や，電子伝達系にも多くの類似性がある．

生物的酸化では，基質は酸素と反応する前に水素と二酸化炭素に分離する

全体で見れば呼吸も燃焼であるが，生体内では，多くの反応に分かれており，各段階で生じるエネルギーはATP合成のために利用される．はじめに炭水化物に水が加わり水素が離脱する．次に酸素と反応して水ができる．

$$CH_2O + H_2O \longrightarrow CO_2 + 4[H], \qquad 4[H] + O_2 \longrightarrow 2\,H_2O$$

この点でも，光合成の場合にまず水が分割されて酸素とXH_2となり，次にCO_2にXH_2の水素が付加されてCH_2Oとなることを考えると，逆反応として類似性がある．細胞呼吸はミトコンドリアで行なわれることは，この細胞器官内のATP生成は酸素消費に依存していることで明らかとなった．そして，ミトコンドリアにはクエン酸回路と酸化的リン酸化の全酵素系を持つことから，細胞内の発電所であることは周知の事実となっている．ミトコンドリアは，色素体と同様に分裂で増殖し，固有のゲノムを持ち母性遺伝するが，発現するタンパク質のうち，ミトコンドリアのDNAがコードするタンパク質はわずかで，大部分は細胞核にコードされている．またミトコンドリアも内部共生に由来し，その起源は好気的細菌と考えられている．ミトコンドリア外膜にはポーリンが存在し，4〜6 kDaまでの分子は通過できる．一方，ミトコンドリア内膜には，代謝産物透過障壁があり，特定物質を通

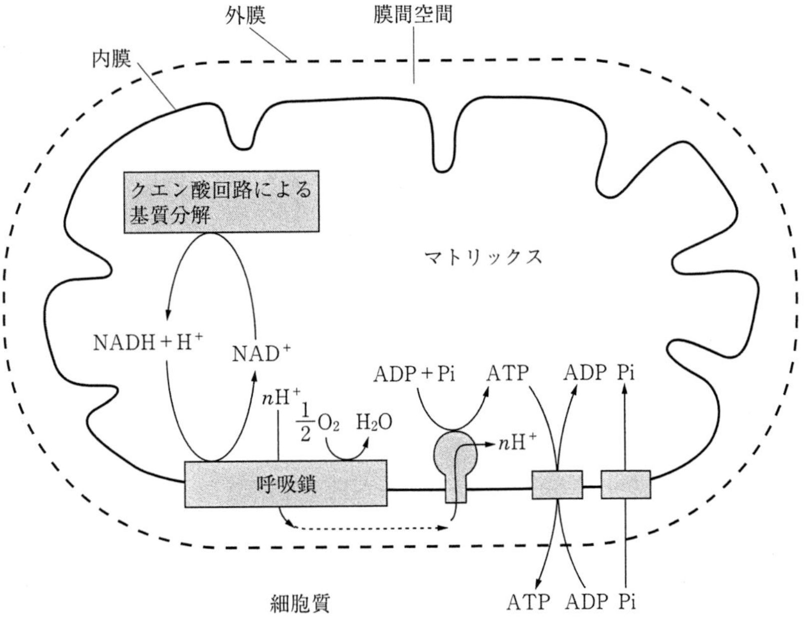

図5.1　ミトコンドリアにおけるエネルギー代謝（Heldt, 2005）

過されるためのトランスポーターがある．内膜がくびれた陥入部分クリステは，クロロプラストのチラコイドとは異なり，膜間空間（外膜と内膜の間）とつながっている．しかしチラコイド内腔と，クリステ内部はともにプロトン勾配形成にかかわる部分では機能的には対応したコンパートメント（区画）と見なせる．図5.1ではミトコンドリアの代謝の概観を示した．

ミトコンドリアのマトリックスで基質が分解されてCO_2と$NADH+H^+$となる．生成したNADHはマトリックスから内膜に達し，この膜に局在する呼吸鎖によって酸化される．呼吸鎖は一連の酸化還元反応で構成されており，NADHの電子が酸素に伝達される．光合成の電子伝達とまったく同様に，ミトコンドリアの電子伝達で放出されるエネルギーはプロトン勾配形成に利用され，そしてプロトン勾配がもとに戻るときにATPが合成される．生成したATPはミトコンドリアから持ち出されて，エネルギーの必要な細胞内の合成などに使われる．すべての細胞のミトコンドリアに共通な役割としてATP供給がある．

基質の生体酸化

クエン酸回路による基質分解の出発物質はピルビン酸で，細胞質での解糖系によるグルコースから由来する．まず，ピルビン酸は酢酸の活性化されたアセチルCoAに酸化され，次に回路に入り完全に分解されてCO_2と10 Hの還元当量が生じる．10 Hは酸素により酸化され，生成するエネルギーはATPの合成に利用される．

呼吸の電子伝達

NADHの酸化の仕組みを見てみよう．シアノバクテリアの呼吸鎖は光合成の電子伝達と共有されている（図5.2 a）．シトクロム b_6/f 複合体のみならずプラスト

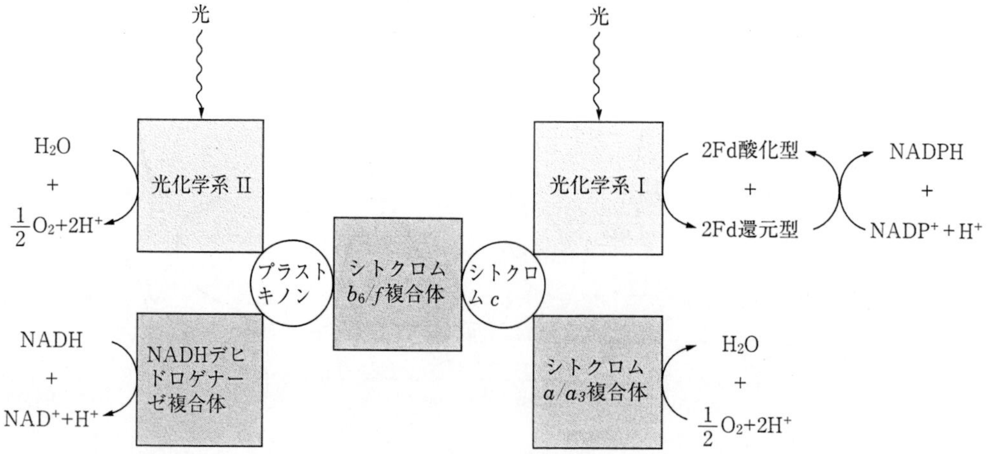

図5.2a　シアノバクテリアの光合成および酸化的電子伝達（Heldt, 2005）

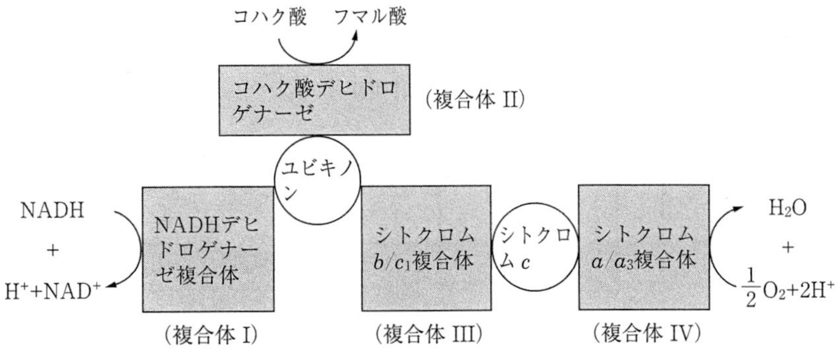

図 5. 2b　ミトコンドリアの電子伝達系（Heldt, 2005）

キノンとシトクロム c も共通である．このシアノバクテリアの例からも光合成電子伝達と酸化的電子伝達の類縁性は明らかである．また，プロトン勾配形成に利用される点からも光合成電子伝達と酸化的電子伝達の際のエネルギー保存原理もまた同じである．ミトコンドリアの呼吸鎖は，シアノバクテリアの呼吸鎖と類似の構造である．異なるのは酸化還元伝達体のプラストキノンのかわりにユビキノンになったことと，わずかに異なるシトクロムが用いられたことぐらいである（図 5.2 b）．

図 5.2 b には，ミトコンドリアの電子受容体としてもうひとつコハク酸デヒドロゲナーゼが挙げられ，歴史的に複合体 II とも記されたこの酵素はクエン酸回路の一部である．

複合体 I，III，IV では電子伝達のたびごとに酸化還元電位の低下がおこり，その際に放出されるエネルギーはプロトン勾配の形成に利用される．NADH デヒドロゲナーゼ複合体（複合体 I）はマトリックスでの基質分解で生じた NADH から呼吸鎖へ電子を与える．そしてユビキノン（UQ）を介して，シトクロム b/c_1 複合体（複合体 III）へ，次にシトクロム c（Cyt c）を介してシトクロム a/a_3 複合体（複合体 IV）へ電子が伝達され，その間に水素イオンがマトリックス空間から内・外膜空間に汲み出される（図 5.3）．光合成電子伝達と同様に，呼吸鎖の電子伝達によってもプロトン勾配が形成され，これが ATP 合成を駆動する（図 5.1）．

ミトコンドリアはクロロプラストとは異なり，チラコイド膜のようなプロトン勾配形成のための閉鎖空間を持たない．ミトコンドリアの内・外膜空間は外膜のポーリンと呼ばれる孔で細部質とつながっている．様々な起源のポーリンは分子量約 30 kDa のサブユニットからなり，しばしば 3 量体で存在するが各サブユニットにそれぞれ孔が 1 つある．トランスロケーターとは異なり，疎水性アミノ酸からなる膜貫通ドメインが見あたらない．孔の壁は β-シート構造で，孔側は親水性，膜側は疎水性のアミノ酸が交互に配列されている．酵母のミトコンドリアの外膜にあるポーリンは分子量約 5,000 以下のものを通す．非選択的な一般的ポーリンのほかに，陰イオンなどを選択的に通すポーリンもミトコンドリアやクロロプラストの外

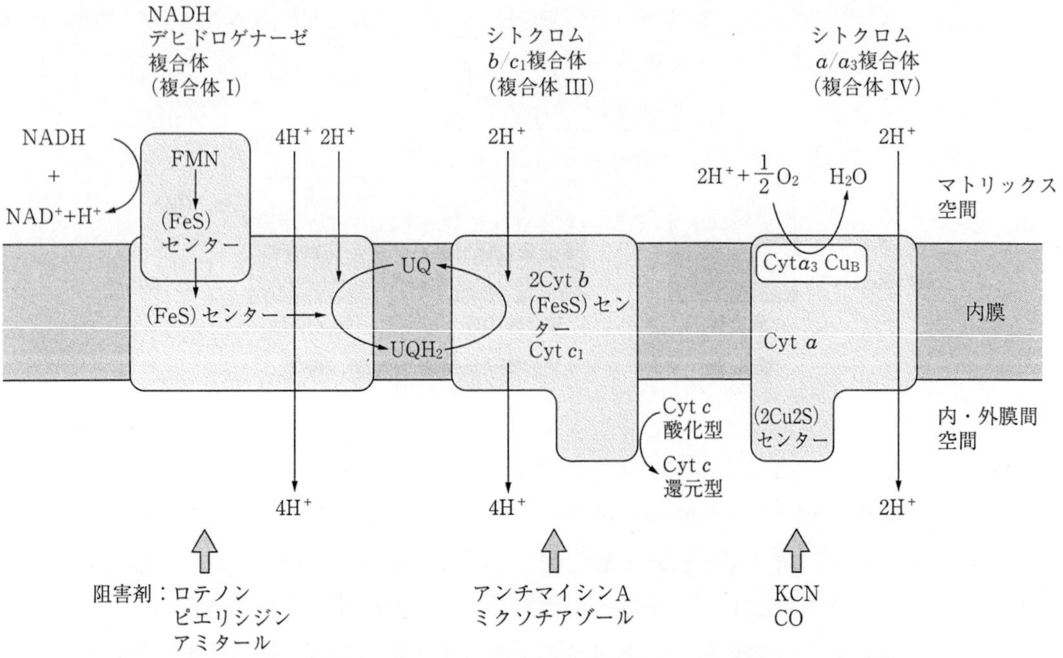

図5.3　ミトコンドリア内膜における複合体 I，III，IV の配置（Heldt, 2005）

膜には含まれている．

クロロプラストではチラコイド内腔は光照射により pH が 7.5 から 4.5 に下がる．もしミトコンドリアの内・外膜空間の pH がこのように ΔpH=3 まで下がれば，細胞質に重大な影響をおよぼすことになるが，実際にはそうならずに ΔpH=0.2 程度である．これは内膜が塩素などのアニオンをまったく通さないためで，そのため膜電位が 200 mV に達する．

ミトコンドリアで合成された ATP は，ATP/ADP トランスロケーターとリン酸ロケーターの組合わせで細胞質に供給される（図 5.1）．

植物のミトコンドリア

ミトコンドリアの発電機としての機能は，単細胞，動物，植物にすべて共通で，植物の場合には光合成を行なわない暗期のみでなく，光合成中にも細胞質への ATP 供給を行なっている．それに加えて植物のミトコンドリアは特別な機能も果たしている．その 1 つには光呼吸経路の段階で以下の反応がマトリックスで行なわれている．

$$2\,グリシン + NAD^{+} + H_2O \longrightarrow セリン + NADH + CO_2 + NH^{4+}$$

ここで生成する NADH は，光合成中にミトコンドリアで ATP を合成する燃料となる．これ以外にも，オキサロ酢酸とピルビン酸からクエン酸，そして 2-オキソグルタル酸を合成して，光合成中にアミノ酸合成の炭素骨格を供給する．植物に

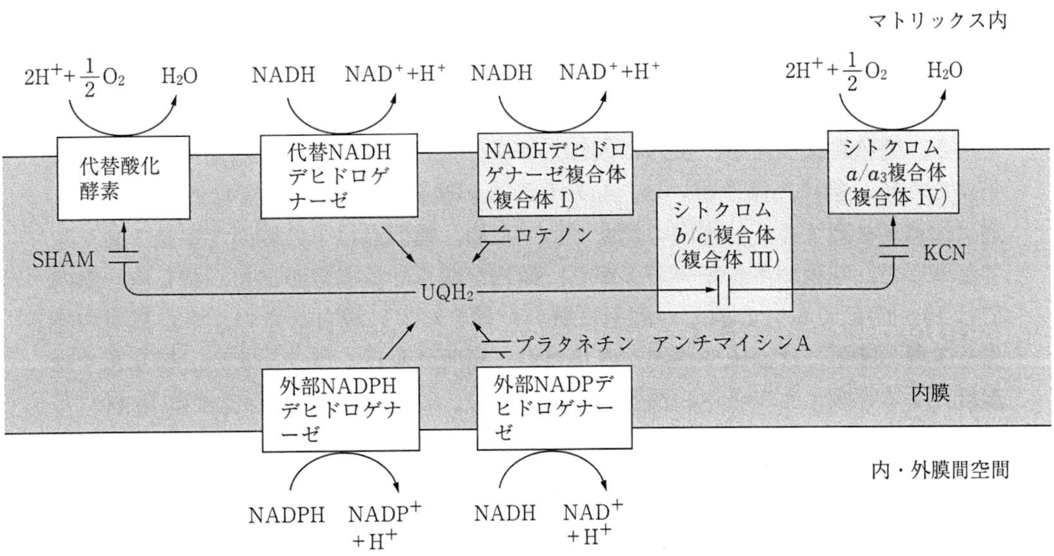

図 5.4　植物のミトコンドリア内膜（Heldt, 2005）

とってグリシン酸化や 2-オキソグルタル酸生成は ATP が必要でないときも進行する必要がある．そこで余分な NADH を ATP と共役させずに酸化する機能を備えている（図 5.4）．

ミトコンドリアのマトリックス側に代替 NADH デヒドロゲナーゼがあり，NADH からユビキノンに電子を渡すが，このときプロトン輸送を行なわない．そして同じマトリックス側の代替酸化酵素で電子とプロトンを酸素と反応させて水にする．これは一種の短絡経路で，これがおきるのはユビキノンが過還元状態にあるときだけである．また植物では細胞質の NADH と NADPH もミトコンドリア呼吸鎖で酸化することができる．これも細胞質の NAD プールが過還元状態にあるときにおこるオーバーフロー機能と思われる．

この酸化は熱として放出されるが，これを利用する植物もある．ブードーリリー（*Saurum guttatum*）の花序では開花時期に代替酸化酵素が発現して熱を発生させ，花弁が温まると腐肉や糞のような臭気を放ち，遠くの昆虫を受粉のためにひきよせる．

Tea Time

観葉植物の呼吸

観葉植物は，亜熱帯や熱帯原産のものが多いが，一方では耐陰性でもある．これは一見矛盾しているように見えるが，熱帯の密林では直射日光の差し込まない低木層や草本層，地表層の植物をインドアプラントとして選択しているためである．このため，冬場の観葉植物の管理には注意が必要である．夏場は，植物の種類では直射日光を避けるほうがよい場合が多い．直射日光で日焼けをおこすことがあるからである．5〜10月ごろでは，戸外に置いてもかまわない．しかし，冬の寒さは大敵である．晩秋になったら，室内に入れてやる．暖房のない部屋の窓際は夜に気温が下がるため，避けたほうがいい．しかし，人が快適と思う22〜23℃の暖房では，逆に注意が必要である．室内の照度が低いため，補償点以下の場所で室温を高くしてしまうと，呼吸エネルギーが上がり，植物を弱らせる場合がある．むしろ，室内では15〜17℃くらいの涼しい部屋に置いたほうがよい場合が多い．また夏場の冷房や冬場の暖房では冷風や熱風が直接当たる場所は避けるほうがよい．切り花では温度による呼吸エネルギーの消費が顕著であり，バラの場合，15℃では10日くらいもつものが，23℃では4日で萎れてしまうことが多い．そのため，温かい室内で切り花の鮮度を保持するには，生け水にエネルギー源として糖を加えると鮮度が長持ちする（写真）．

7日間の切り花：　生け水は水道水のみ

14日間の切り花：　生け水は糖を含む切花鮮度保持剤（商品名フローレンスウォーター）

第6講

窒素同化

キーワード：アンモニア　　硝酸　　硝酸還元酵素　　グルタミン酸

生体を構成する重要な化合物には，アミノ酸，タンパク質，ヌクレオチド，核酸など窒素を含む化合物がある．これらは有機窒素化合物と呼ばれる．植物はこれらの窒素原子を一般には硝酸として根から吸収したあと，アンモニアにまで還元してからアミノ酸に同化する．一方水田のような還元状態の土壌ではイネは土壌からアンモニウムイオンとして吸収する場合もある．様々な有機窒素化合物はアミノ酸からつくられる．

細菌の化学合成

細菌の中には光エネルギーでなく，アンモニア，亜硝酸，硫化水素，硫酸鉄（II）などの無機物を酸化し，得られる化学エネルギーを用いて有機物を合成するものがある．このような働きを化学合成といい，これを行なう細菌を化学合成細菌と呼ぶ．アンモニアから順に，亜硝酸菌，硝酸菌，そして硫黄細菌や鉄細菌などがある．土の中で生活する亜硝酸菌は，動植物の遺体などから生じるアンモニアを酸化して亜硝酸に変える．また硝酸菌は亜硝酸を酸化して硝酸に変える．亜硝酸菌と硝酸菌をあわせて硝化菌と呼び，この過程を硝化という．硝化作用でできた硝酸は植物に再び吸収される．このように，硝化菌は窒素化合物の循環に重要な役割を果たしている．

植物の窒素同化

窒素は大気中に大量に存在するが，ほとんどの生物はこの窒素を直接有機窒素化合物に変換できない．植物や菌類などはアンモニウムイオンや硝酸イオンなどの無機窒素化合物を土壌中から取り入れ，アミノ酸などの有機窒素化合物を合成する．生物界の有機窒素の99%は硝酸態窒素の同化から得られたものである．動物の場合は有機窒素化合物を外から摂取して，動物の体自身に必要な有機物を合成する．このように取り入れた窒素成分をもとにして生体の構成に必要な有機化合物を合成する働きを窒素同化という．

植物の窒素同化は，最初はアンモニアからはじまったと思われるが，光合成で発生する酸素により，アンモニアを硝酸にする生物が出現したため，これをアンモニアに再還元して利用する経路が備わったと考えられる．

硝化菌の働きなどで土壌中に生じた硝酸イオンは，植物に吸収されてアンモニウムイオンに還元される．アンモニウムイオンはアミノ酸に取り込まれ，タンパク質や核酸などの材料となる．アンモニウムイオンがアミノ酸に取り込まれる過程では，植物は解糖系やクエン酸回路で生じる2-オキソグルタル酸などの窒素を含まない有機物に，アンモニウムイオンを結合させて，グルタミン酸などのアミノ酸を合成する．この反応で重要な役割を果たすのがグルタミン酸とグルタミンの転換反応である．この一連の反応によって，窒素を含まない2-オキソグルタル酸が窒素を含むグルタミン酸になる．

上記の窒素同化までの道筋は3つの段階に大別できる．①吸収された硝酸が亜硝酸経由でアンモニアに還元される，②アンモニアからグルタミン酸への同化，③グルタミン酸からケト酸へのアミノ基転移でのアミノ酸の合成である．

硝酸のアンモニアへの還元

①の硝酸の還元は硝酸還元酵素と亜硝酸還元酵素の2つの酵素で行なわれる．硝酸還元酵素は，高等植物では葉の細胞と根の細胞に分布し，細胞質に存在する．硝酸還元酵素で亜硝酸に還元されたあと，亜硝酸還元酵素でアンモニアへの還元される．この酵素は葉緑体に局在し，亜硝酸の還元に必要な電子は光合成電子伝達で生じるフェレドキシン還元型（Fd_{red}）である．多くの高等植物では吸収された硝酸の多くは根よりも葉で還元同化されるが，樹木では根で多く還元される．また根と葉での還元の割合は，植物の種類で変化する．また土中の硝酸濃度が低くなると，根で同化される割合が高くなる．

硝酸の根細胞への吸収は2分子のプロトンとの共輸送で持ち込まれる（図6.1）．プロトン勾配は原形質膜のH^+-P-ATPアーゼにより行なわれる．このためのATPはミトコンドリアの呼吸から供給されるため，呼吸阻害剤で根を処理することで，通常の硝酸吸収は停止する．根から吸収された硝酸は一時的に液胞に貯めることができる．一方，根の表皮と皮層の細胞では硝酸をアンモニアに還元し，グルタミンとアスパラギンを合成する．これらのアミドはN/Cが高いため，Nの輸送には都合がよい．しかし，根における硝酸同化能をこえる硝酸は道管により蒸散流で葉に運ばれる．おそらくプロトンとの共輸送で葉肉細胞に取り込まれたのち，多量の硝酸は液胞に蓄えられる．昼間は硝酸同化のため，液胞の硝酸は空になり，夜には再び蓄えられることがよくある．ホウレンソウの葉ではこのため早朝に最も硝酸が高濃度になることが知られている．

以前に鉄道線路に生える雑草を根こそぎ駆逐するために塩素酸（ClO^{3-}）が使わ

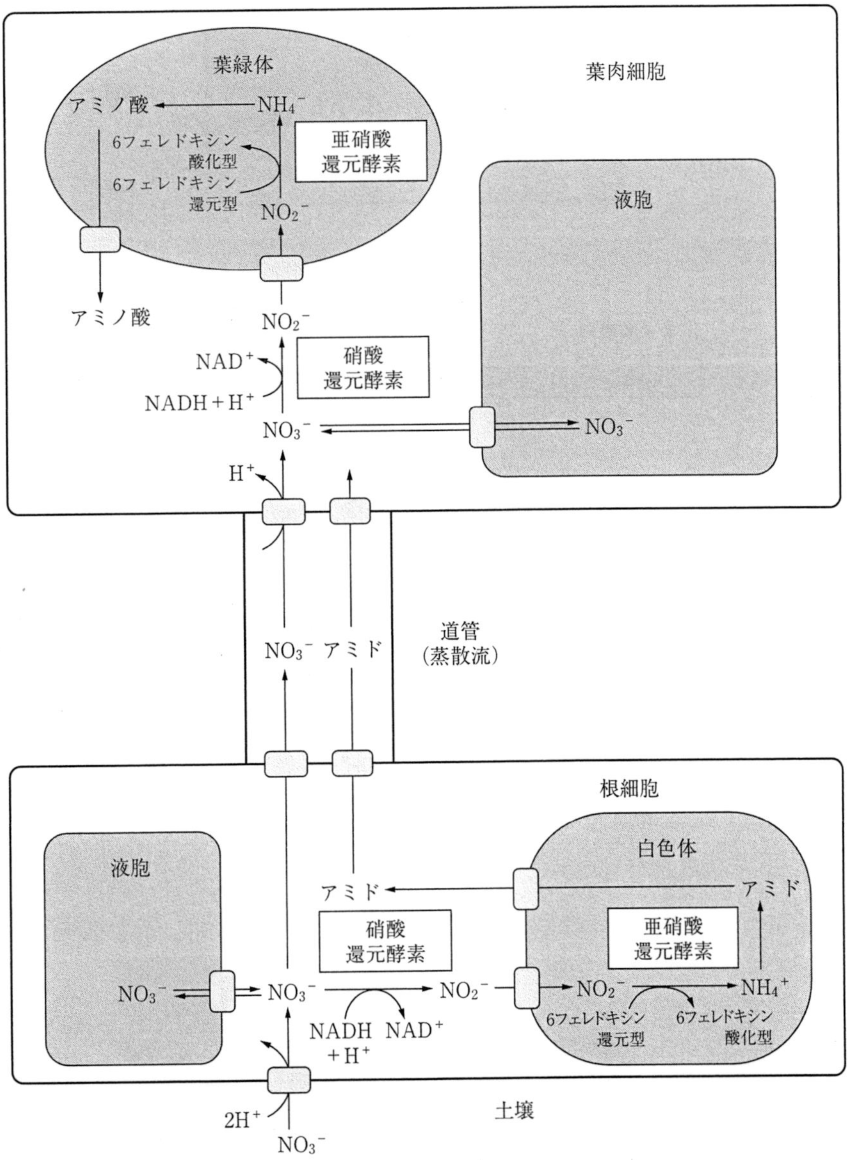

図 6.1　植物の根と葉における硝酸同化（Heldt, 2005）

れた．植物の硝酸還元酵素により吸収された塩素酸は非常に毒性のある亜塩素酸（ClO^{2-}）に変えられ，雑草を枯死させる．硝酸イオンのアナログである塩素酸イオンへの抵抗性は，硝酸イオン吸収能の低下の結果である．硝酸トランスポーターについては，1970 年代前期に，ClO^{3-} 抵抗性シロイヌナズナの突然変異体の単離がきっかけとなり，現在では NRT 1 ファミリーと呼ばれる硝酸への親和性が比較的低いトランスポーターが同定された．また別の硝酸イオンと亜硝酸イオンの輸送体は，カビの *Aspergilus* からの ClO^{3-} 抵抗性突然変異体から見いだされ，現在は NRT 2 ファミリーと呼ばれて，この硝酸トランスポーターの K_m 値は低い．根細

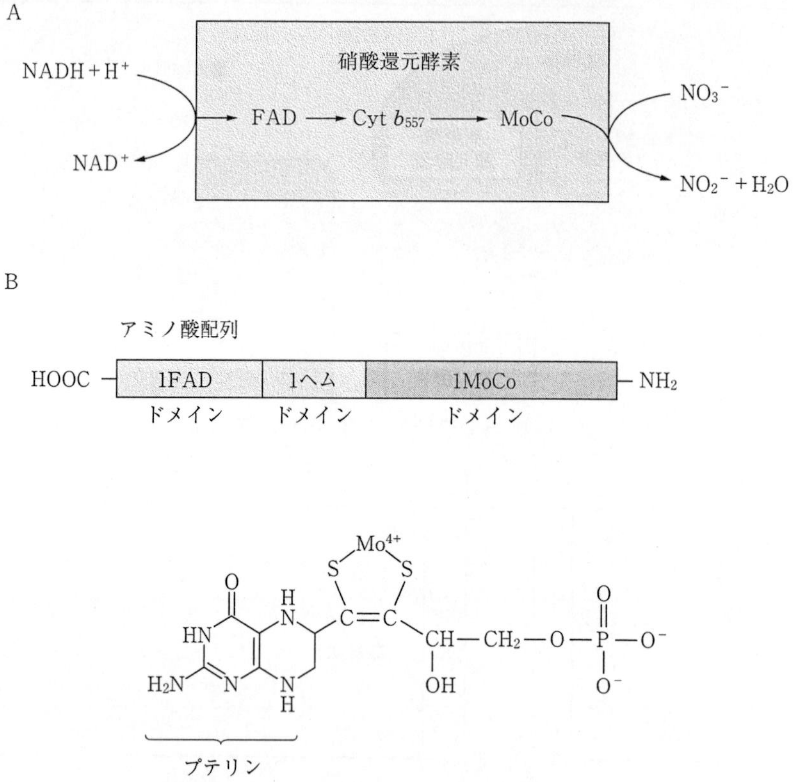

図 6.2a　硝酸還元酵素の電子伝達（Heldt, 2005）

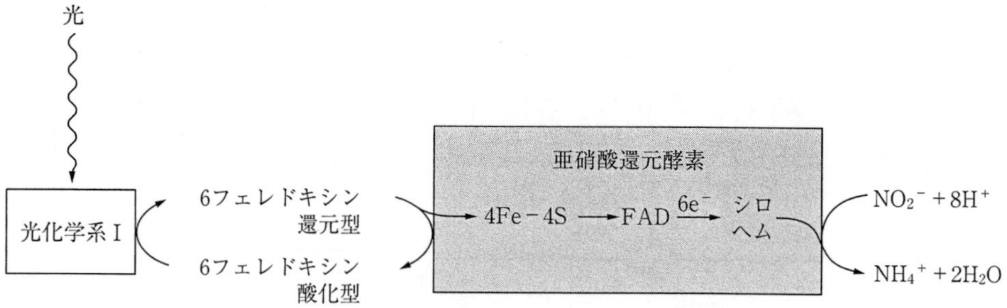

図 6.2b　亜硝酸還元酵素の電子伝達（Heldt, 2005）

胞のいくつかの硝酸トランスポーターにおける K_m 値は＞0.5 mM と親和性が低いが，硝酸要求度が高まると誘導される硝酸トランスポーターの K_m 値は 20〜100 μM と親和性が高く，このため 10 μM くらいの低濃度でも植物は生育できると考えられている．

葉肉細胞の硝酸は，細胞質中の硝酸還元酵素で亜硝酸に変えられ，続いてクロロプラスト中の亜硝酸還元酵素でアンモニアになる（図 6.2 a, b）．硝酸還元のための還元剤はほとんど NADH で，ある種の植物では NADPH も NADH と同様に還元剤になりうる．高等植物の硝酸還元酵素は同一サブユニットの 2 量体からなり，サブユニットには FAD，Cyt b_{557}，モリブデンコファクター（MoCo）からなる電子伝達鎖を含んでいる（図 6.2 a）．MoCo にはプテリンと呼ばれる塩基を含み，2 個の S 結合で Mo を挟んでいる．硝酸還元酵素に Mo が必要なために，Mo が植物の微量必須元素となっている．

亜硝酸からアンモニアへの還元には電子 6 個が必要であるが，この反応にはただひとつの酵素，亜硝酸還元酵素が関与する．この酵素はプラスチドに局在し，還元力は，光化学系 I の電子伝達系から供給され，フェレドキシンが反応に関与する（図 6.2 b）．また量として多くはないが，暗所でのクロロプラストや根のロイコプラストでは，亜硝酸の還元に必要なフェレドキシンの還元力は，酸化的ペントースリン酸経路からの NADPH＋H^+ で供給される．

アンモニアからアミノ酸への同化

②アンモニアからグルタミン酸への同化は，2 つの酵素，グルタミン合成酵素（GS）とグルタミン酸合成酵素（GOGAT）によって行なわれる（図 6.3）．

これらの 2 つの反応はサイクルとしてつながっており，GS/GOGAT 経路と呼ばれる．一方，細胞にアンモニアが多量にたまるような場合にはグルタミン酸デヒドロゲナーゼ（GDH）が誘導されてグルタミン酸の合成が行なわれるとされてい

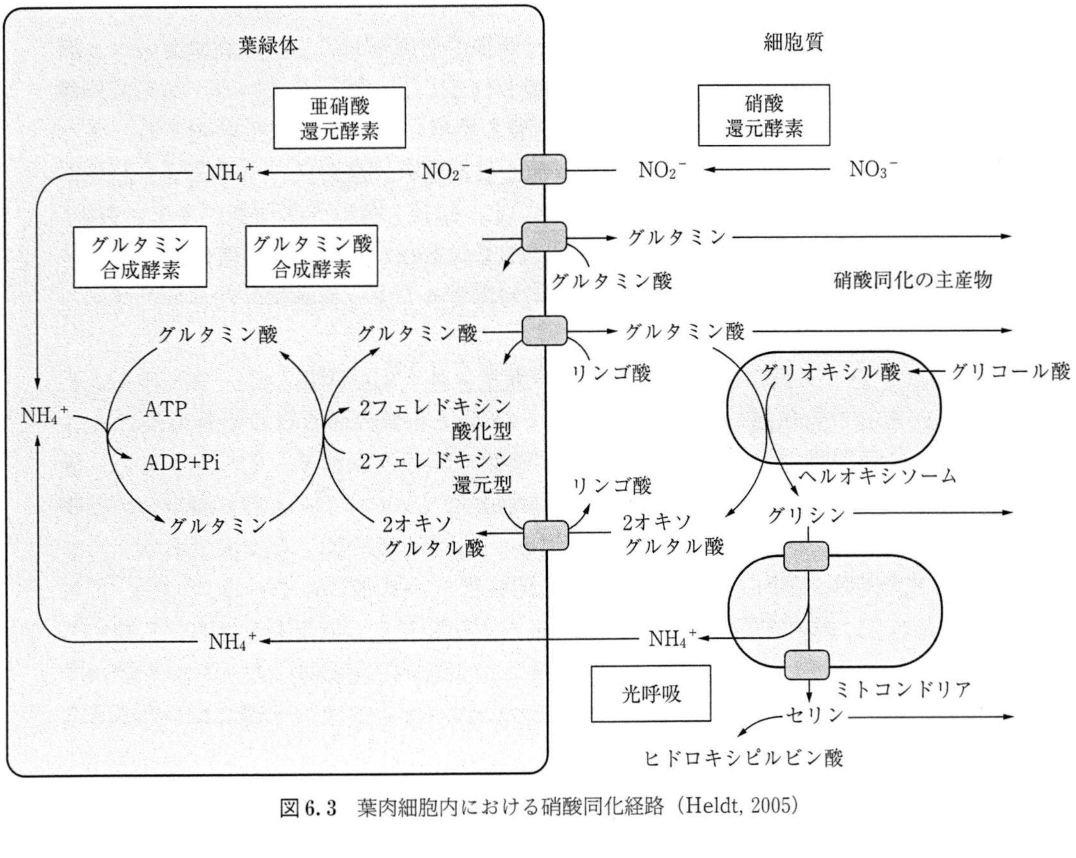

図 6.3　葉肉細胞内における硝酸同化経路（Heldt, 2005）

るが，この酵素のアンモニアの K_m 値が高いため，アンモニアが高濃度でも耐えうるイネのような植物ではアンモニア解毒に有効であるが，好硝酸性植物では考えにくい．グルタミン酸デヒドロゲナーゼは一般にはグルタミン酸の分解に関与し，ミトコンドリアでTCA回路に取り込まれる．細胞内のアンモニアが①からの由来であれ，光呼吸からの由来であれ，一般にはGS/GOGAT経路で同化される．

③グルタミン酸からケト酸へのアミノ基転移は，アミノ基転移酵素で行なわれ，アミノ基供与体は通常はアミノ酸である．これらアミノ基転移酵素には多くの種類があるが，一般にはアラニン型とアスパラギン酸型がよく知られている．この酵素はアミノ酸合成のみならず分解にも関与する．補酵素としてピリドキサルリン酸を含み，細胞質のみならず，ミトコンドリア，葉緑体，パーオキシソームなど様々な細胞小器官に含まれる．

Tea Time

側根と硝酸トランスポーター

植物の根には主根と呼ばれる重力方向に伸びる根と側根と呼ばれる水平方向に伸びる根がある．側根は内鞘と呼ばれる細胞から形成されるが，環境の刺激によって，内鞘の細胞は細胞分裂をはじめ，新しい側根をつくるための細胞になる．

シロイヌナズナでは，通常の環境中では側根の形成がおこるが，高濃度のショ糖と低濃度の硝酸によって側根の形成が抑制されることが知られている．突然変異体の *lin1* は，高濃度のショ糖条件下では硝酸の濃度によらず側根を形成する．すなわち，LIN 1遺伝子座には高濃度のショ糖と低濃度の硝酸の条件下で側根の形成を抑制する機能を持った遺伝子がある．そこで，LIN 1遺伝子座を調べると，NRT 2.1という遺伝子があり，*lin1* 変異体はNRT 2.1のミスセンス突然変異（あるアミノ酸に対応するコドンが他のアミノ酸に対応するコドンに変化したもの）であった．

NRT 2タンパク質は硝酸の高親和性の輸送システムに関係していると考えられている．そこで低硝酸条件下でNRT 2.2の *lin1* 変異体における硝酸の取込みを調べると，野生型に比べて *lin1* 変異体は硝酸の取込みが低下していた．もし，硝酸の取り込みが不良なために側根形成の抑制ができないのであれば，環境中の硝酸の濃度を上げて，根に硝酸を加えれば側形成の抑制が回復するはずである．しかし，*lin1* 変異体は硝酸の濃度を上げても側根形成の抑制はおこらなかった．これらのことから，単に細胞内への硝酸の取込みが側根形成の抑制を引きおこしているのではないことがわかった．そして，NRT 2は硝酸の高親和性のトランスポーターとして機能しているだけでなく，硝酸のセンサーかシグナル伝達にかかわるものであろうと考えられている．

一方，アンモニアは，通常は土壌ではアンモニウムイオン（NH^{4+}）で存在し，その物理的性質から根からの吸収においてはカリウムイオンとの競合が予想されたが，実際にはアンモニウムイオンに特異的なトランスポーターが吸収にかかわっていた．すべての生物において最初に見いだされたアンモニウムトランスポーターはシロイヌナズナからのもので，酵母のアンモニウムイオン吸収突然変異体を用いて単離された AMT 1.1 は，その後の細菌，酵母，イネ，トマト，そして動物のものと 70% 以上の高い相同性を示した．シロイヌナズナの AMT 1 は少なくとも 5 つのホモログからなり，その中の AMT 1.1 は植物全体で発現しており，また発現量は NH_4^+ 流入量，特に流入が限定されると変動することが報告されている（Little, *et al*., 2005）．

第7講

窒素固定

キーワード：マメ科植物　根粒菌　ニトロゲナーゼ　レグヘモグロビン

植物の生育に必要な硝酸（NO_3^-）やアンモニア（NH_3）は，リン酸などのほかの栄養素とは異なり，岩石の風化による供給はない．硝石は自然の岩石とは異なる．農業生産では作物を収穫するために生ずる窒素の不足は施肥により補わなくてならない．たとえば，トウモロコシの栽培では年間およそ 200 kgN/ha を肥料として投入する必要がある．その原料となるアンモニアは，ハーバー-ボッシュ（Haber-Bosch）法により合成されるが，この合成には多量のエネルギーが使われる．トウモロコシ栽培に費やされるエネルギーのおよそ 1/3 は肥料の生産に使われる．

生物界にとって呼吸や光合成と同じく重要な反応は窒素固定や窒素同化である．無機態の窒素としてのアンモニアや硝酸からアミノ酸への窒素同化と大気中の窒素（N_2）固定は区別する．

ある種の細菌やラン藻類などの無核生物は大気中の窒素分子をアンモニアに変え

表7.1　窒素固定を行なう植物種と共生菌（Epstein and Bloom, 2005）

共生窒素固定

型	植物	窒素固定菌
マメ科型	Legumes，*Parasponia*	*Rhizobium*，*Bradyrhizobium*，*Azorhizobium*，*Sinorhizobium*，*Photorhizobium*
放射菌根型	ハンノキ（木本），*Ceanothus*（灌木），*Casuarina*（木本），*Datisca*（灌木），*Chamaebatia*（低木）	*Frankia*（放線菌）
グンネーラ（*Gunnera*）	*Gunnera*	*Nostoc*
アゾラ（*Azolla*）	*Azolla*（水シダ）	*Anabaena*

単生窒素固定

型	窒素固定菌
シアノバクテリア（ラン藻）	*Nostoc*，*Anabaena*，*Calothrix*
細菌	
好気性菌	*Azobacter*，*Azospirillum*，*Beijerinckia*，*Derxia*
条件的嫌気性菌	*Bacillus*，*Klebsiella*
嫌気性菌	
非光合成細菌	*Clostridium*，*Methanococcus*（an archaebacterium）
光合成細菌	*Rhodospirillum*，*Chromatium*

る働きがある．アンモニアはさらにアミノ酸などの有機物に同化される．大気中の窒素分子をアンモニアに変える働きを窒素固定という．窒素固定の中で，植物に必要な窒素の供給は主として生物による窒素固定であるが，ほかに上で述べた肥料として，ヒトは工場で空気中の窒素から窒素肥料を合成して土壌に施肥している．自然界では，このほか空中放電（雷）によっても空気中の窒素が固定される．

ある種の高等植物は窒素固定微生物と共生することによって間接的にこの能力を持つことができる．表 7.1 はこれら窒素固定生物をまとめたもので，この能力が共生かまたは単独かにより 2 つに大別される．

このうち，農業的に最も重要でしかも研究が進められているのはマメ科植物と根粒菌リゾビウム（*Rhizobium*）による共生的窒素固定である．マメ科植物の根に共生する根粒菌は，窒素固定を行なうので土壌に窒素成分を与える働きが大きく，農業上も重要である．ダイズやシロツメクサの根には根粒と呼ばれるこぶ状のものがたくさんついている．

これらは根粒菌が根に入って形成されたもので，根粒菌が植物から与えられる有機物をエネルギー源として，空気中の窒素をアンモニアに変える．つくられたアンモニアは植物によってアミノ酸などに同化されて利用される．根粒菌は，植物が同化したアミノ酸などを利用できる．このように根粒菌とマメ科植物は共生して助け合っている．このような生物的窒素固定には，①強い還元剤フェレドキシン，NAD または NADP の還元型，② ATP，③ニトロゲナーゼ，④低い酸素分圧環境，が必要である．ニトロゲナーゼは空気中窒素のアンモニアへの以下の反応を触媒する．

$$N_2 + 還元力 + ATP \longrightarrow NH^{4+} + ADP + Pi$$

ニトロゲナーゼは 2 つの主要構成要素からなり，うち大きな構成要素は Mo と非ヘムの Fe-S を，他の小さな構成要素は Fe-S をそれぞれ含む．このため，植物がモリブデン欠乏になると窒素固定能力は著しく低下するのはニトロゲナーゼの構成成分であることから理解できる．直接反応にかかわる還元剤は生物により異なるが，還元力はフェレドキシンを介して供給される．ラン藻でも光合成によるフェレドキシンが利用される．

植物細胞と窒素固定菌リゾビウムとの細胞間共生の場であるマメ科植物の根粒の形成過程は複雑である．根粒菌は土の中に住んでいるがこのとき窒素固定は行なわない．宿主のマメ科植物の根が伸びてくると，根から分泌されるトリプトファンをインドール酢酸に変える．これは植物ホルモンであり，これが根毛に作用すると細胞壁分解酵素活性が誘導され，根毛の先が屈曲してその部分の構造がゆるみ，そこから根粒菌が侵入する（図7.1 a）．

するとこれを包囲するように細胞壁の合成がおこり，中の菌が増殖するにつれて内部に向かって細胞壁合成が進んでいく（図7.1 b）．これは感染糸と呼ばれ，皮層組織に達したところで根粒菌が皮層細胞内に放出される（図7.1 c）．侵入した皮層組織では分裂が盛んになり根粒と呼ばれる瘤状組織に発達し，この中で増殖した根粒菌はバクテロイドと呼ばれる状態に変化し，静止状態となる（図7.1 d）．19世紀後半までは，この瘤状組織は病気と見なされていた．根粒には1個の細胞にバクテロイドと呼ばれる複数のリゾビウム細胞が含まれる．これらバクテロイドは起源的には植物の原形質膜に由来する周縁膜と呼ばれる単層の膜でおおわれている．この膜の内側にはさらにリゾビウムに由来するバクテロイド包膜がある．これらの起源の異なる膜配列は細胞内共生説を想起させる．マメ科植物の根粒における共生窒素固定の代謝経路を図7.2に示す．バクテロイドへの基質供給はおもにリンゴ酸により行なわれる．まず維管束組織で送られてきたショ糖は植物根粒細胞のショ糖合成酵素で分解され，解糖系でホスホエノールピルビン酸にまで分解され，次にカルボキシル化されてオキザロ酢酸となりリンゴ酸に還元され，バクテロイドに送ら

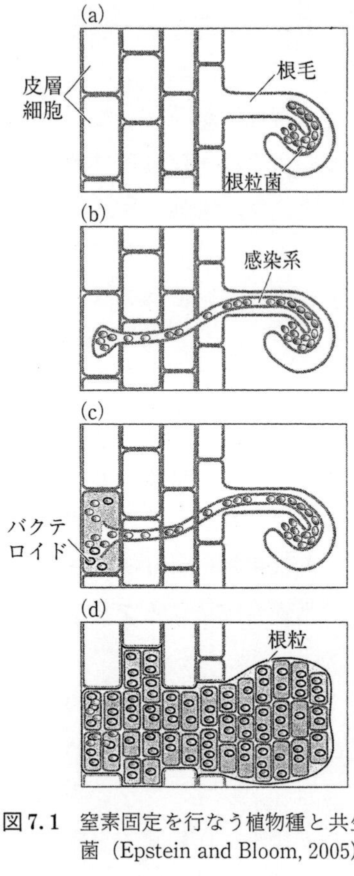

図7.1　窒素固定を行なう植物種と共生菌（Epstein and Bloom, 2005）

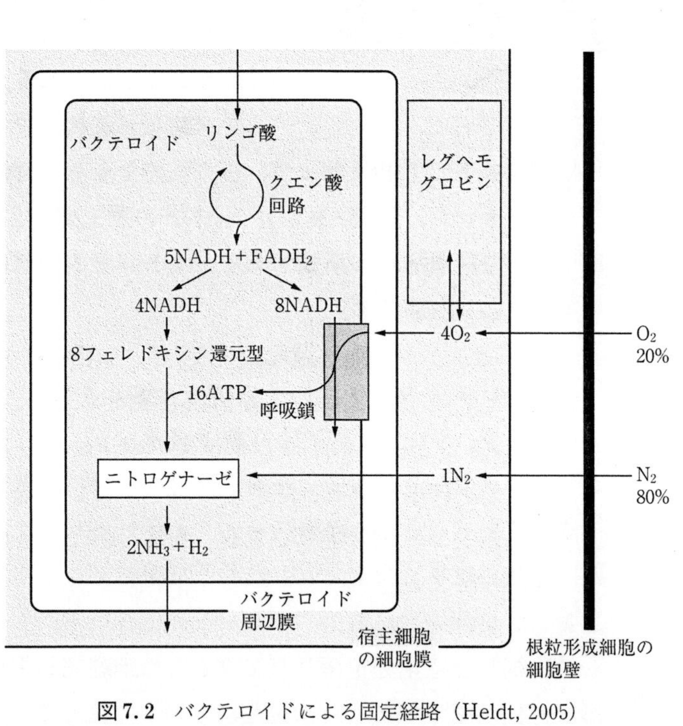

図7.2　バクテロイドによる固定経路（Heldt, 2005）

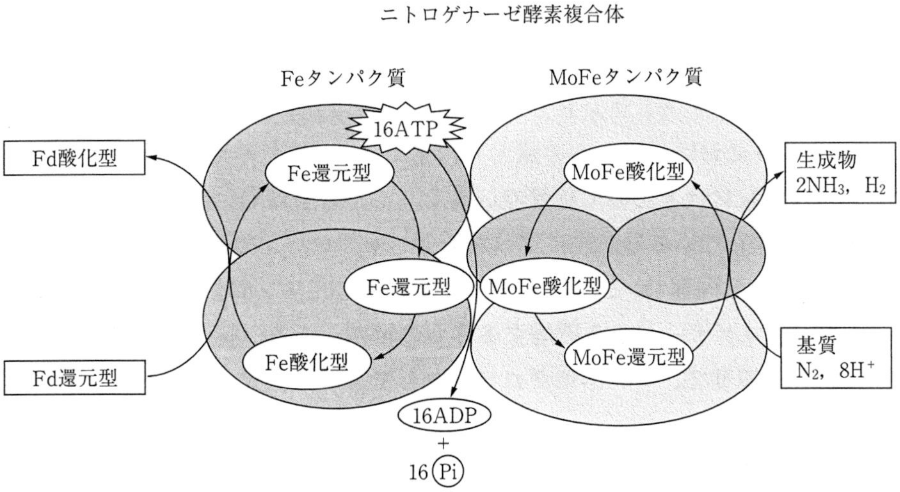

図 7.3　ニトロゲナーゼによる還元反応（Epstein and Bloom, 2005）

れる．

生物による窒素固定はニトロゲナーゼと呼ばれる反応系があり，根粒ではクエン酸回路からの電子 e^- の一部を酸化的リン酸化により ATP を生成して窒素固定のエネルギーとする．このとき酸素はレグヘモグロビンと結合して酸化的リン酸化に酸素を与え，それ以外の根粒の内部を嫌気的にする．レグヘモグロビンはヒトのヘモグロビンと同じく酸素と結合する．

窒素固定には無酸素条件が必要である．一方，電子 e^- はフェレドキシンなどの電子キャリアーから鉄タンパク質とモリブデン-鉄タンパク質からなるニトロデナーゼ系で N_2 を NH_3 に還元する．鉄タンパク質部分は反応に ATP を要求する (図 7.3)．ニトロゲナーゼの活性や合成を制御する内外の大きい要因として，O_2 分圧，NH_4^+，ATP/ADP 比，モリブデン（Mo）がある．O_2 と NH_4^+ はニトロゲナーゼを強く阻害する．またバクテロイド内の ATP/ADP 比が高いときニトロゲナーゼは高い活性を示し，この酵素の律速条件となる．また Mo が欠乏した状態ではニトロゲナーゼ合成は妨げられる．

エネルギーは光合成でつくられる糖を基質とし，バクテロイドでは酸化的電子伝達系で生じた ATP と還元力（電子）を使って，ニトロゲナーゼによって N_2 をアンモニアへ還元する．この反応に伴い H_2 が発生するが，リゾビウムはヒドロゲナーゼを持ち，これにより H_2 は O_2 で酸化されて ATP が合成される．このヒドロゲナーゼは植物の遺伝子によりその合成が支配されており，共生植物の種類により，H_2 が利用されずに細胞外に放出される場合もあるが，ヒドロゲナーゼにより ATP を合成できるタイプのリゾビウムのほうが窒素固定の際のエネルギー効率は高い．生じたアンモニアはグルタミンや他のアミノ酸に同化されタンパク質になるが，残りのアンモニアはただちに窒素同化経路でアミノ酸などになり，植物組織に送られる．根粒から木部を経て輸送される窒素化合物は植物種により異なる．主要成分は①アミド（グルタミン，アスパラギン），②アミド誘導体（4-メチレングルタミン），③ウレイド（アラントイン，アラントイン酸）である．

バクテロイドにおける糖からの還元力再生には O_2 が不可欠であるが，一方ニトロゲナーゼは O_2 にはきわめて感受性が高く，この酵素は O_2 でただちに失活する．この矛盾を解決しているのが先に述べたレグヘモグロビンである．このタンパク質はヘモグロビンと同様 O_2 と結合する．そして酸化的リン酸化に O_2 を与える役割と，O_2 をニトロゲナーゼから隔離する2つの役割がある．レグヘモグロビンは細胞内 O_2 分配に重要で，レグヘモグロビンなしでは窒素固定を行なうことはできない．

Tea Time

エンドファイティック窒素固定

エンドファイト（植物体内）による第3の窒素固定の可能性が報告されている．いままでの植物にかかわる窒素固定は，①多くのマメ科植物の根粒内での根粒菌や，いくつかの木本類の根粒にある放線菌フランキアによる共生タイプ，②根の表面とごく近傍の土壌で行なわれる根圏共同的システムの2種であった．②は特に水稲根圏（水田）での酸素分圧が低く，よい生物窒素環境と見なされている．しかし1988年にサトウキビ茎汁液から植物体内で生息する窒素固定菌 *Gluconacetobacter diazotrophicus* が単離された．この第3の窒素固定エンドファイティック窒素固定が作物生産に寄与しているかの調査を ^{15}N を用いて行ったところ，サトウキビ，サツマイモ，パイナップルで高い可能性を示す結果であった．特にサトウキビでは，土耕ポットでの窒素バランス法によれば，サトウキビ1個体が21か月で土壌，肥料から吸収した窒素が約10gであったのに対し，植物体に集積した窒素は約35gとなった．差し引き25gが窒素固定と考えられた．窒素固定エンドファイトとして分離された菌群はいずれも土壌からは分離されない．感染経路は不明であるが，細胞間隙（アポプラスト），木部，通気組織，死んだ細胞で菌が検出され，生きた細胞では見いだされない．窒素固定の条件には，低酸素分圧とともに糖などのエネルギーソースが必要となるが，糖の輸送にはアポプラスト経由も知られており，この糖輸送系にかかわっているとも考えられる．サトウキビやサツマイモ，パイナップルは痩せた土地での持続的栽培が可能な作物であり，自然生態系におけるエンドファイティック窒素固定の探索結果が待たれるところである（安藤ら，2005）．

第 8 講

硫 黄 同 化

キーワード：システイン　メチオニン　クロロプラスト　グルタチオン

硫黄（S）は必須の元素であり，窒素の場合は硝酸から還元された化合物のみ利用しうるが，S は酸化物である硫酸化合物でも存在する．たとえばクロロプラストのチラコイド膜に含まれるスルホリピドは膜脂質の 5% にもなる．生体内ではおもに硫酸イオン（SO_4^{2-}）とタンパク質中に含まれるシステインとメチオニンであるが，グルタチオンなどにも含まれる．植物・細菌・真菌は取り込んだ硫酸イオンを同化することにより，含硫アミノ酸などの硫黄化合物をつくることができるが，動物は，硫酸イオンを還元できないため，栄養として含硫アミノ酸を摂取しなければならない．この点で，植物の行なう硫酸同化は，炭酸同化や窒素同化と同じく，動物にとってなくてはならない代謝である．

硫酸同化も光合成である

植物の硫酸同化は，クロロプラストで行なわれる光合成反応である．ただ，炭酸同化や硝酸同化と比べて同化速度が低く，その酵素活性も低いため，いまだに不明な面が多い．

硫酸イオンはトランスポーターによりプロトンとの共輸送で根から吸収され，蒸散により道管で葉に運ばれ，やはりプロトンとの共輸送で葉肉細胞内に取り込まれる（図 8.1）．硫酸イオンは次にリン酸イオンとの対向輸送でクロロプラストに入り，そこでまず亜硫酸イオン，次に硫化水素に還元されたのち，システインとして同化される．細胞内の過剰の硫酸イオンは，液胞に蓄えられる．

葉肉細胞での硫酸還元に使われる電子は以下のように計 8 個となる．

$$SO_4^{2-} + 2\,e^- + 2\,H^+ \longrightarrow SO_3^{2-} + H_2O$$

$$SO_3^{2-} + 6\,e^- + 8\,H^+ \longrightarrow H_2S + 3\,H_2O$$

硝酸からグルタミンへの同化と比較して，硫酸イオンのシステインへの同化には 4 倍の ATP が必要である．

硫酸の還元は，まず ATP スルフリラーゼにより活性化されて AMP 硫酸（APS）となる．このときに同時に生成されるピロリン酸は，クロロプラストにあるピロフ

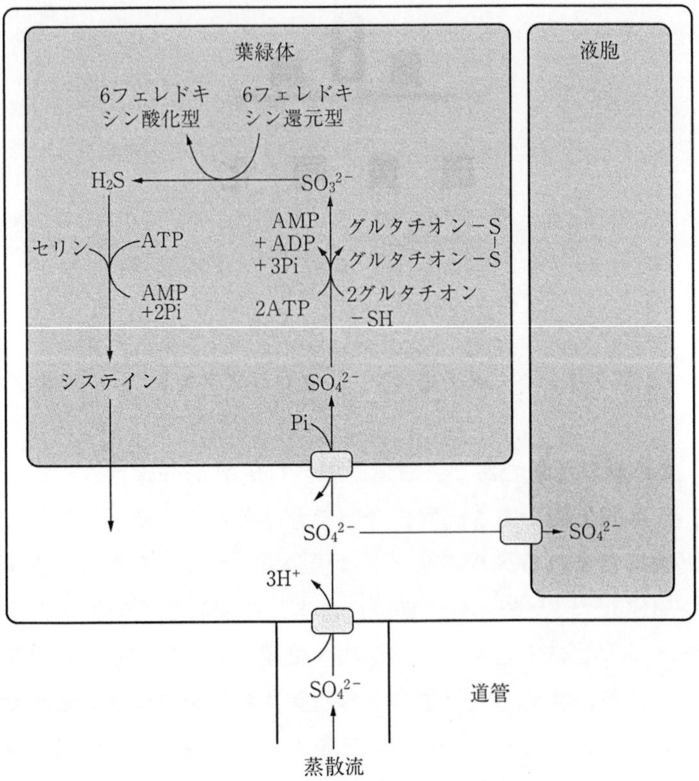

図 8.1　葉における硫酸同化経路（Heldt, 2005）

ォスファターゼによりリン酸に加水分解される（図 8.2）．次に APS は APS キナーゼにより PAPS となり，さらに PAPS 還元酵素により還元されて，亜硫酸イオン（SO_3^{2-}）が生成する．このとき使われる還元剤がグルタチオンである点で特異的である．

亜硫酸イオンは，ただちに亜硫酸還元酵素により硫化水素にまで還元される（図 8.3）．亜硫酸還元酵素と亜硝酸還元酵素はホモログ（相同タンパク）の関係で，シロヘムと 4 Fe-4 S クラスターを持っている．また亜硝酸還元酵素と同じく，還元にはフェレドキシンが必要である．

硫化水素の同化では，活性化セリンである *O*-アセチルセリンが必要であり，まずセリンはセリンアセチル基転移酵素により，アセチル-CoA でアセチル化される．そして *O*-アセチルセリンは *O*-アセチルセリン（チオール）リアーゼにより硫化水素を取り込んでシステインとなる（図 8.4）．

グルタチオンは抗酸化剤や有害物質の解毒剤としても使われる

同化されたシステインのかなりの部分がトリペプチドであるグルタチオン（GSH）合成に使われる．生成経路は，まずグルタミン酸との反応で γ-グルタミ

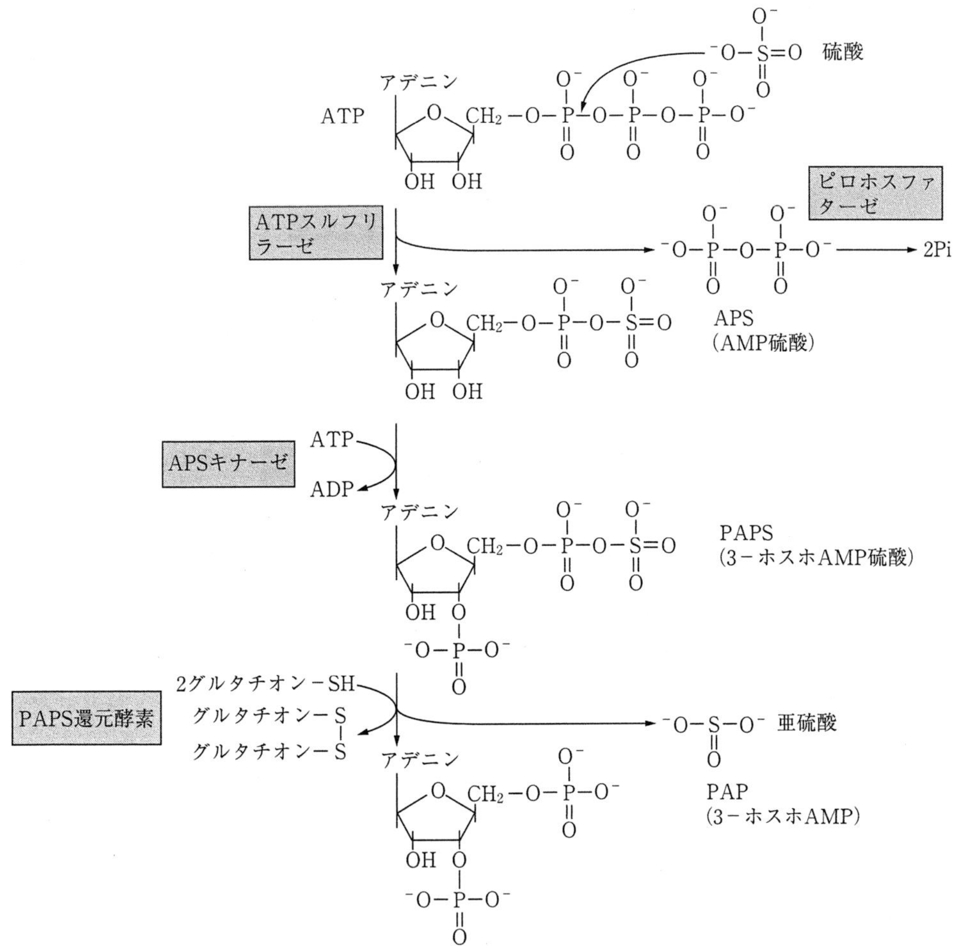

図 8.2　硫酸から亜硫酸への還元経路（Heldt, 2005）

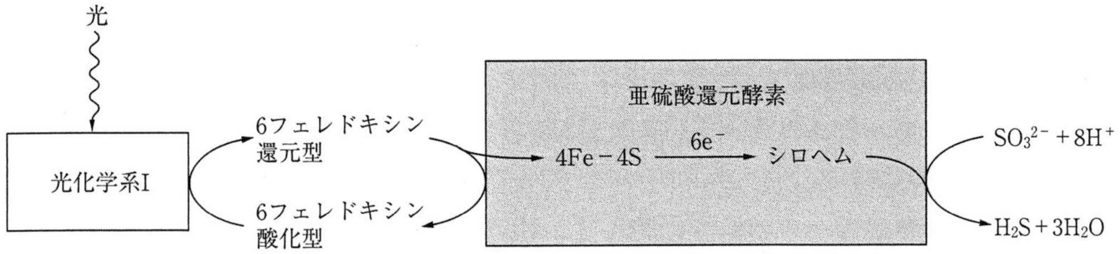

図 8.3　亜硫酸還元酵素による亜硫酸から硫化水素への還元（Heldt, 2005）

ルシステインとなり，次にグリシンを取り込んで，GSH が生成される（図 8.5）．グルタチオンは硫酸同化の還元剤のほかに，アスコルビン酸との共同作用で，細胞内の酸素ラジカルの消去や，外来からの異物の無毒化にも使われる．

生体異物は GSH-S 転移酵素により，GSH 抱合体になったのち，特異的 GSH トランスポーターで液胞内に運び込まれ，一部分解されて貯蔵される．このトランスポーターは ATP を使う一次能動輸送タイプであり，ABC（ATP binding cas-

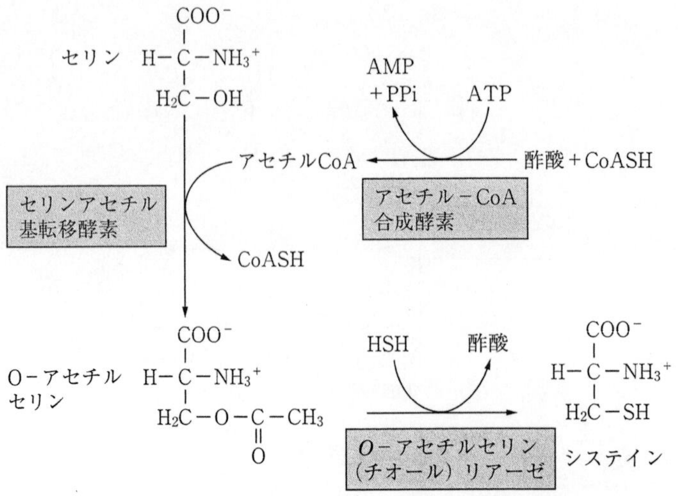

図8.4　硫化水素のシステインへの同化（Heldt, 2005）

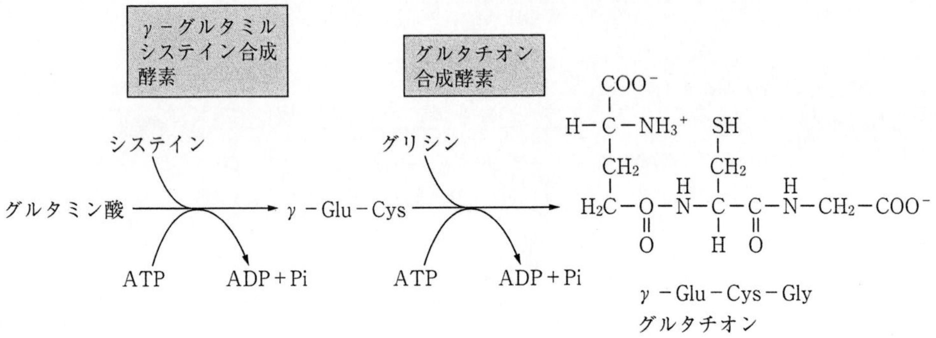

図8.5　グルタチオンの生合成経路（Heldt, 2005）

sette）トランスポータースーパーファミリーに属する．作物の農薬耐性を高めるため，GSH-S 転移酵素や GSH トランスポーターを誘導する物質セイフナー（毒性緩和剤）が見いだされている．また GSH トランスポーターは花の色素の液胞への沈着にも働いている．

植物の重金属耐性からの保護に関して，GSH を前駆物質としたフィトキレーチンの役割が知られている．まず 2 分子の GSH がフィトキレーチン合成酵素により $(\gamma\text{-Glu-Cys})_2$-Gly となりグリシン 1 分子が遊離する．この反応が繰り返されて $(\gamma\text{-Glu-Cys})_n$-Gly（$n$=2〜11）となる．この酵素は Cd^{2+} や Pb^{2+} などの重金属で誘導される．フィトキレーチンはシステインのチオール基と複合体を形成したのち，GSH 抱合体と同様に ATP を消費して，液胞に送り込まれる．液胞内では酸性のため，金属は解離して蓄えられる．最近，遺伝子組換えや育種によりフィトキレーチンを多く作り出す植物を作成することで，土壌中の重金属を効率よく回収するフィトリメディエーション（植物改良）と呼ばれる土壌改良法が考えられている．

メチオニンはシステインから合成される

アミノ酸のスレオニン合成経路の中間代謝産物でもある *O*-ホスホホモセリンはまたメチオニン合成の中間代謝産物でもある．システインは *O*-ホスホホモセリンとの反応でシスタチオニンとなり，次に別の C-S 結合が切断されて，ホモシステインができる．最後にメチレンテトラ葉酸でホモシステインのチオール基がメチル化されてメチオニンができる（図 8.6 a）．

メチル化に関する反応では，メチレンテトラ葉酸よりも *S*-アデノシルメチオニン（SAM）がメチル供与体となる反応がよく知られている．SAM はメチオニン

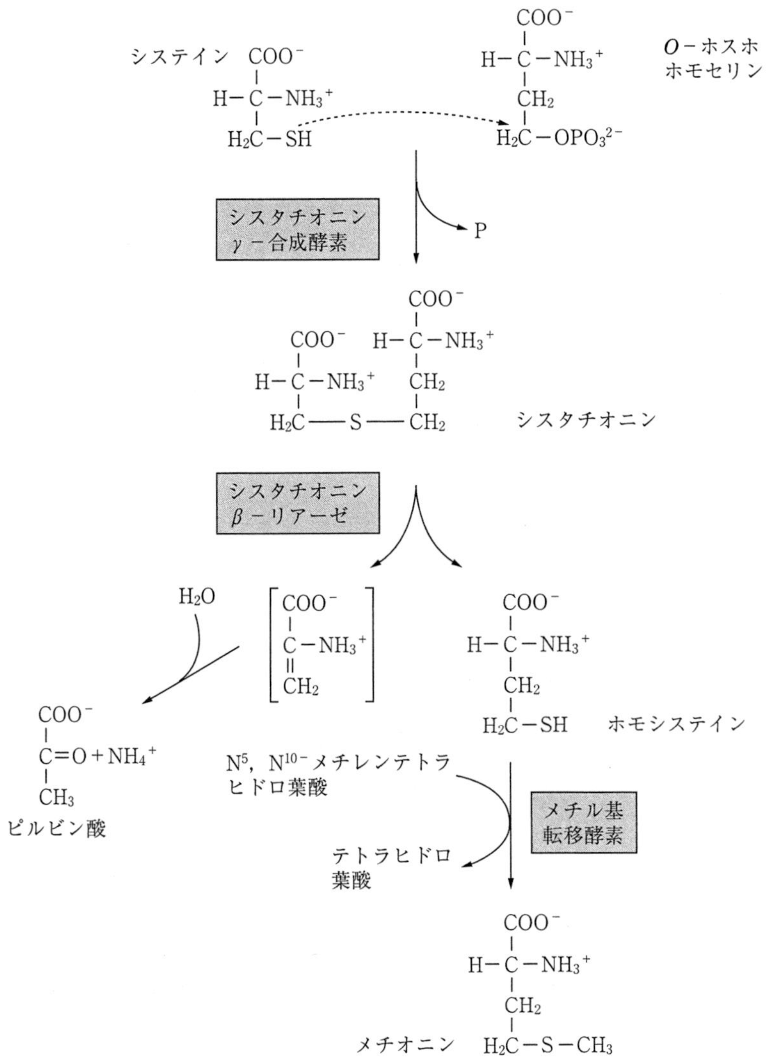

図 8. 6a　システインからメチオニン生合成経路（Heldt, 2005）

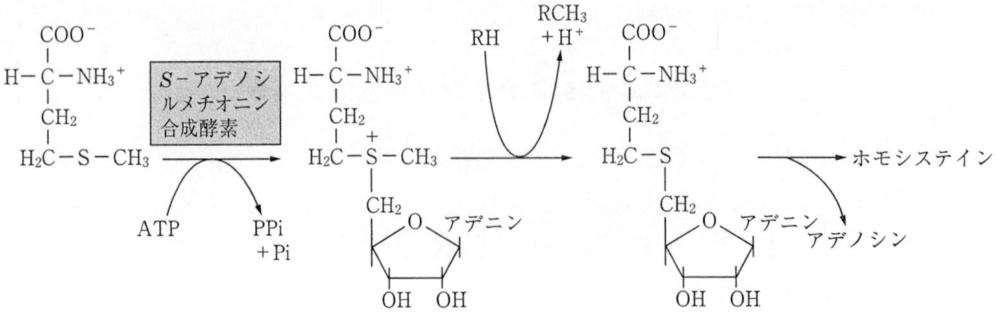

メチオニン　S－アデノシルメチオニン（SAM）　S－アデノシルホモシステイン

図8.6b　メチオニンからのSAM合成とSAMによるメチル化

とATPから合成される（図8.6b）．SAMはまた植物ホルモンであるエチレンや有機カチオンとして知られるポリアミンの前駆体でもある．

過剰な空気中の二酸化硫黄はカリウム欠乏土壌では障害が出やすい

二酸化硫黄（SO_2）は通常は，気孔から入り水に溶けて亜硫酸イオン（SO_3^{2-}）になり，シンステイン合成系に取り込まれてグルタチオンの形で蓄積されるか，ペルオキシダーゼにより酸化されて硫酸となり，K^+かMg^{2+}と塩を形成して液胞に蓄えられる．液胞中の硫酸があるレベルに達すると葉は枯れ落ちる．針葉樹のSO_2障害はこれである．またカリウムが不足しやすい土壌では，SO_2に対する障害が出やすい．

植物の栄養としての硫黄

植物体中のSの含量は0.15～1.0％と量的にも多いが，植物の種類や生育環境によってはかなり変化する．供給量が多くなると，植物体内でSO_4^{2-}として液胞に貯められるが，さらに過剰の場合には吸収抑制もおきる．硫酸イオンは過剰吸収されても害作用を呈することは少なく，この液胞で貯める点や過剰障害が出にくいことも硝酸イオンやカリウムイオンと似ている．カラシ，タマネギなどの作物には，カラシ油のイソチオシアン酸を含んだ有機物が含まれている．Sの供給が多いと硫酸イオンよりもイソチオシアン酸の配糖体が増える．

有機態のSは全硫黄の70％程度で，有機態の約80％はシステインやメチオニンとして，タンパク質の成分であり，タンパク質のS含量は0.5～1.6％になる．また，炭酸固定と脱炭酸反応に関与するビオチン，脂肪酸代謝などに重要な役割を演じるCoA，ビタミンの一種チアミンやリポ酸，そ

してグルタチオンなどにも含まれている．

わが国では火山灰土壌が多く，S 欠乏の生じることは少ない考えられてきたが，近年今までの硫安などの硫酸根を含んだ肥料が，リン安などのような無硫酸肥料にとってかわられるようになり S 欠乏が出る場合も出てきた．また工場の排煙脱硫装置が完備されて空気中の二酸化硫黄も抑えられるようになったところでも S 欠乏が現れてきている．S が欠乏すると，含硫アミノ酸が不足するためにタンパク質の合成が低下し，N 欠乏によく似た症状で葉が黄色くなる．植物の N/S 比は種類でほぼ一定であり，窒素供給が多いと S 欠乏が出やすい．S は植物体内で移動しやすい元素であり，同じように移動しやすい K や Mg と同様に欠乏症は下位の葉から現れる（表 12.3）．一方 S の過剰障害は，硫酸イオンの形で存在する限り，硫酸イオンやグルタチオンの形で液胞に貯められるためあまりおこらない．しかし，水田のような土壌中では硫酸が還元される条件で発生する硫化水素や，工場からの亜硫酸ガスによる大気汚染で葉や根に障害が出ることが報告されている．

Tea Time

硫酸トランスポーター

まず，酵母の硫酸（SO_4^{2-}）トランスポーターが単離された．方法として，セレン酸とクロム酸が硫酸イオンの吸収アナログになることを利用して硫酸イオン吸収変異株を単離し，これに野生型酵母からの cDNA を変異酵母に導入する方法で，硫酸トランスポーター遺伝子を同定した．次に，同じ硫酸イオン吸収変異株酵母を用いて，硫酸イオンに高い親和性を持つトランスポーターが，熱帯性飼料作物のマメ科植物 *Stylosanthes hamata* で報告され，これにかかわる遺伝子三種 SHS 1, SHS 2，SHS 3 が単離された．続いてオオムギから HVST 1 も見いだされ，SHS 1，SHS 2 そして HVST 1 は，根におけるプロトンとの共輸送タイプのサブファミリーをコードし，1956 年に報告されたオオムギの根の吸収における高親和性吸収（$K_m = 9.5\,\mu M$）とほぼ同じ K_m 値（10 μM）であった．このことから，オオムギ根の硫酸イオン吸収は HVST 1 が担っていると結論づけられた．一方 SHS 3 は，根だけでなく葉でも発現しており，高い K_m 値（100 μM）からも別の役割が考えられている．またその後シロイヌナズナでも同様な遺伝子ファミリーが報告されている．さらにダイズの根粒に特異的に発現している遺伝子は，カビや酵母そしてオオムギ遺伝子とも相同性を有していた．発現部位，発現パターンからは，SHS 1，SHS 2，HVST 1 のサブファミリー遺伝子が根の硫酸イオン吸収に重要な役割を果たしていることは疑いない（Epstein and Bloom, 2005）．

第 9 講

養分と同化産物の転流

キーワード：受動輸送　能動輸送　師管　アポプラスト　圧流

養分と同化産物の転流は，根から地上部への養分の移動，また葉からシンク組織への同化産物の移動は維管束を通して行なわれる．

養分の転流

植物では，根から地上部への物質輸送はほとんど木部にある道管によって行なわれる．外界の水や無機養分は，表皮から内皮層までのいずれかの部位で，細胞膜輸送を通して細胞内に入る．細胞間隙は水や無機イオンがほぼ自由に通過できるが，内皮層には水やイオンを通さないカスパリー線が存在するために，内皮層までのどこかで，細胞内に入らなければ道管内には入れない（図 1.3）．道管内の水の移動は，葉の蒸散によって生ずる．無機養分は水とともに移動し，水の凝集力で途切れることなく葉に送られる．蒸散の盛んな日中は，道管内は外気圧に比して負になっており，道管や茎，幹は夜中より細くなる．

土壌の無機質は，まず根の細胞壁構成成分に吸着される．K^+ や Ca^{2+} などのカチオンはペクチンのガラクツロン酸にイオン交換反応で保持される．アニオンは細胞壁には吸着されずに，まずセルローズミセル間の水に溶解するが，リン酸などは鉄などと結合し沈着する．そのほかのアニオンも細胞壁に吸着しているカチオンとの相互作用でゆるく結合している．このような細胞壁の CEC は植物により異なり，この相違が植物体のカチオン組成に反映されているとの考えもある．

溶質が細胞膜を介して輸送される場合は，①単一輸送（ユニポート），②2 種類が同じ方向に同時に行なわれる共輸送（シンポート），③2 種類が逆方向に同時に行なわれる対向輸送（アンチポート）の 3 タイプがある．また選択的輸送として，濃度差や膜内外の電気化学的ポテンシャルにし

表 9.1　エンドウの切断根における各種イオン濃度 (Higinbotham, *et al*., 1967)

イオン種	根内イオン濃度	
	予測値	実測値
K^+	74	75
Na^+	74	8
Ca^{2+}	10,800	2
NO_3^-	0.0272	28
Cl^-	0.0136	7
$H_2PO_4^-$	0.0136	21

外液濃度 K^+，Na^+，Ca^{2+}，NO_3^-：1 mM，Cl^-，$H_2PO_4^-$：0.5 mM，E：-110 mV

たがった受動輸送と，逆らった能動輸送に分けられる．たとえばK^+では，細胞内外の電位差（膜内電位－膜外電位）が－116 mV であるときには，K^+は100倍の濃度差で細胞内に取り込まれる場合でも，膜電位にしたがい受動輸送となる．表9.1ではK^+は予想値に一致して受動輸送であり，Na^+やCa^{2+}は能動的排除であり，Cl^-や$H_2PO_4^-$は能動輸送と判断できる．

プロトンについては，一般に細胞外液ではpH 5～6で，細胞質ではpH 7～8のため，明らかに能動的にプロトンを膜外に排出している．このエネルギーはATP由来でプロトンポンプが働き，プロトンの汲み出しで膜電位差が保たれている．一般に膜ポテンシャルには，カチオンとアニオンの膜透過性の違い（拡散ポテンシャル）に由来するものとH^+の細胞からの排出に由来するものがある．アニオンが外液より，細胞内に高濃度に蓄積する場合には，電気化学的ポテンシャル勾配に逆らって能動輸送されている．

同化産物の転流

植物では，光合成産物の長距離輸送は師管を通じて行なわれる．師部は，維管束内ではほとんどは木部の外側にある管で，葉などの光合成同化産物の生産部位（ソース）から根，塊茎，果実などの貯蔵場所や生育中の芽（シンク）に同化産物を輸送する．師管は，師部柔細胞，伴細胞とともに維管束内に師部を形成する．維管束の分化は生長点での葉原基の分化開始とともに，その下部よりはじまり，生長段階のずれた他の葉の維管束とつながる．分化の過程で師管に分化する師部要素と伴細胞は，1つの母細胞より不均等分割により生じ，師部要素は不可逆的・選択的な自己分解過程を経て師管に分化する．師部要素は生きた細胞と見なされてはいるものの，核やリボソーム，ゴルジ体，液胞は失われており，いくらかのミトコンドリア，色素体，小胞体が含まれているだけの細胞である．師部は細長く伸びた細胞（師部要素）が師板と呼ばれる篩（ふるい）のような隔壁でつながって師管を構成し，師板の孔は原形質連絡が大きく拡大したもので，内側がカロースで裏打ちされている（図9.1）．

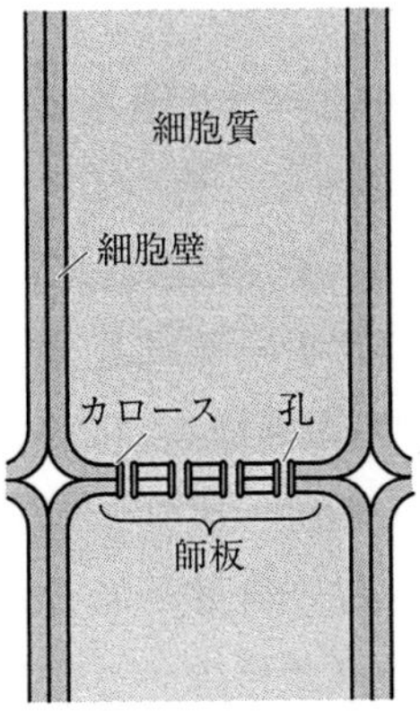

図9.1 師板の構造（Epstein and Bloom, 2005）

表 9.2 高等植物の道管液と師管液の内部組成の濃度範囲
(Miranda, Pattanagul, and Madore, 2002)

物質	濃度 (mg/l)	
	木部	師部
糖	—	140,000～210,000
アミノ酸	200～1,000	900～10,000
P	70～80	300～550
K	200～800	2,800～4,400
Ca	150～200	80～150
Mg	30～200	100～400
Mn	0.2～6.0	0.9～3.4
Zn	1.5～7.0	8～23
Cu	0.1～2.5	1～5
B	3～6	9～11
NO_3^-	1,500～2,000	—
NH_4^+	7～60	45～846

師　管　液

師部要素には伴細胞が隣接し，この細胞は核を含め植物細胞の構成要素をすべて含み，特にミトコンドリアが多い．師部要素は，ふつうの細胞の多くの構成要素を失うことで，同化産物や様々な有機化合物そして無機物を運ぶように分化した．たいていの植物では，輸送される同化炭水化物はスクロースで，有機窒素化合物はアミノ酸である（表 9.2）．無機物ではおもにカリウムイオン（K^+）が運ばれる．師管内のスクロースやアミノ酸濃度は非常に高い．植物の種類にもよるが，師管液のスクロース濃度は 0.6～1.5 M，全アミノ酸濃度の和は 0.05～0.5 M にもなる．

また師部要素と伴細胞は共同で細胞体を構成しており，たくさんの原形質連絡でつながっていて，師部集荷作業のための機能単位になっている．葉肉細胞での同化産物である糖やアミノ酸はすべて原形質連絡を介して師部柔細胞に集積する．師部柔細胞から師管への同化産物の積み込みには 2 つの方法が考えられている．①同化産物をラフィノース系オリゴ糖で運ぶウリ科植物などでは，師部柔細胞と師部要素が多数の原形質連絡でつながっており，少なくとも同化産物の一部はシンプラスト的に直接運び込むことができる．

一方，②スクロースを輸送体とするジャガイモやタバコの葉などでは，ソースから師部柔細胞を通り，一度アポプラストに運び出される．そしてアポプラストから師部へのスクロースとアミノ酸への輸送はプロトンとの共輸送により行なわれる（図 9.2）．この過程は細胞膜に存在する H^+-P-ATP アーゼによって形成されたアポプラストと伴細胞との間にプロトン勾配により駆動される．これに必要な ATP は伴細胞のミトコンドリアでつくられる．師部への積み込みの役割を果たす H^+-スクローストランスポーター（SUT）は多くの植物で同定されており，その特徴が明らかになっている．師管には特に K^+ が多くアポプラストとのプロトン勾配に

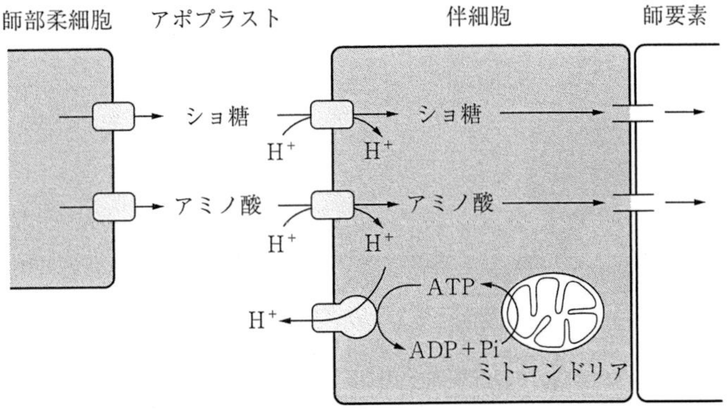

図 9.2 アポプラスト経由の師部への積み込み（Heldt, 2005）

も関与し，プロトンとの対向輸送も考えられる．

②のアポプラスト経由で師部への積み込みをする植物では，報告された限りスクロースが唯一の炭水化物輸送体である．一方，アミノ態窒素の輸送体では特定の化合物はなく，すべてのアミノ酸が輸送され，ソース細胞のアミノ酸組成と師管中のそれとは量比が対応する．

一般によく見られるアミノ酸はグルタミン酸，グルタミン，アスパラギン酸で，植物によってはアラニンやアスパラギンも多く含まれる．一方①のシンプラスト経由で師管に積み込まれるウリ科植物では，非タンパク性アミノ酸のシトルリンが最も多い．

圧流による師部輸送

師管液の分析はアブラムシを使う．アブラムシはその吻針を正確に師管内に突き刺し，師管液を吻針管を通して吸収し，栄養としている（図 9.3）．師管液は加圧状態のため，必要以上の液がアブラムシの体内に入りこむために，余った師管液が体外に蜜として分泌される．

師管液を吸収中のアブラムシの吻針をレーザー光で切断すると，加圧状態の師管から師管液が漏れ出てくる．こうした師管液は非常に少量（0.05～0.1 pl/h）ではあるが，分析技術の進歩している現在では定量が可能である．光合成を行なっている植物の師管液の流速は 30～150 cm/h で，このような速い輸送は加圧流と呼ばれている．植物では動物のようなポンプはないため，その駆動力は大きな横断浸透圧勾配である（図 9.4）．

加圧流の方向は消費で決められ，需要に応じて生育中の芽への上向き方向や貯蔵根への下向きの輸送が行なわれる．植物組織の一部が破壊されたとき，加圧された師管液が流失する恐れがあるが，スクロース合成酵素やカロース合成酵素が速やかに誘導され，破損した師管の師板孔をカロースが塞ぐことで流失を防ぐ保護機構が

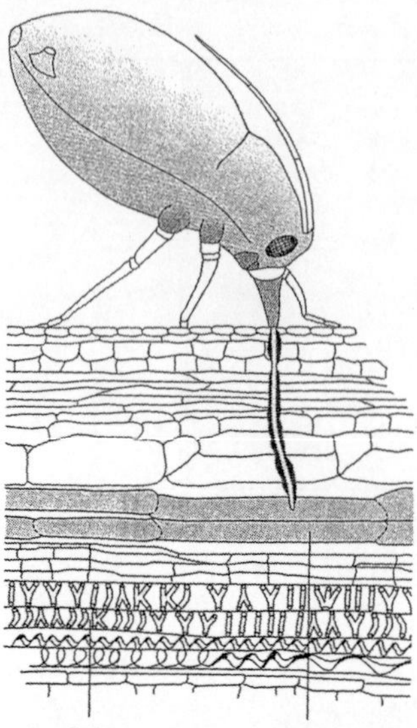

図 9.3　アブラムシは吻針を師管内に突き刺して師管液を吸収する（Heldt, 2005）

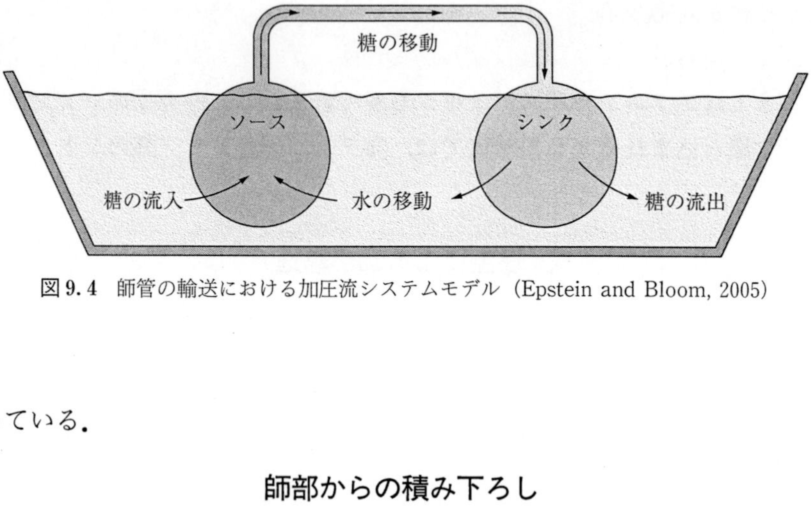

図 9.4　師管の輸送における加圧流システムモデル（Epstein and Bloom, 2005）

備わっている．

師部からの積み下ろし

師部からの積み下ろしも積み込みと同様に2つの経路が考えられる．アポプラスト経由では，一度師管から細胞外空間に放出され，それからシンク器官に取り込まれる．一方，シンプラスト経由ではスクロースやアミノ酸は師部要素から原形質連絡を通ってシンクの細胞内に直接積み下ろされる．電子顕微鏡で調べた原形質連絡の分布頻度からみて，貯蔵器官ではアポプラスト経由，根や生長する栄養器官ではシンプラスト経由で輸送される可能性が考えられる．

アポプラスト経由の場合でもさらに2つの経路が考えられ，放出されたスクロースをそのまま再吸収する経路と，アポプラストに存在するインベルターゼでグルコースとフルクトースに分解されてから，それぞれの単糖がシンクの細胞に吸収され

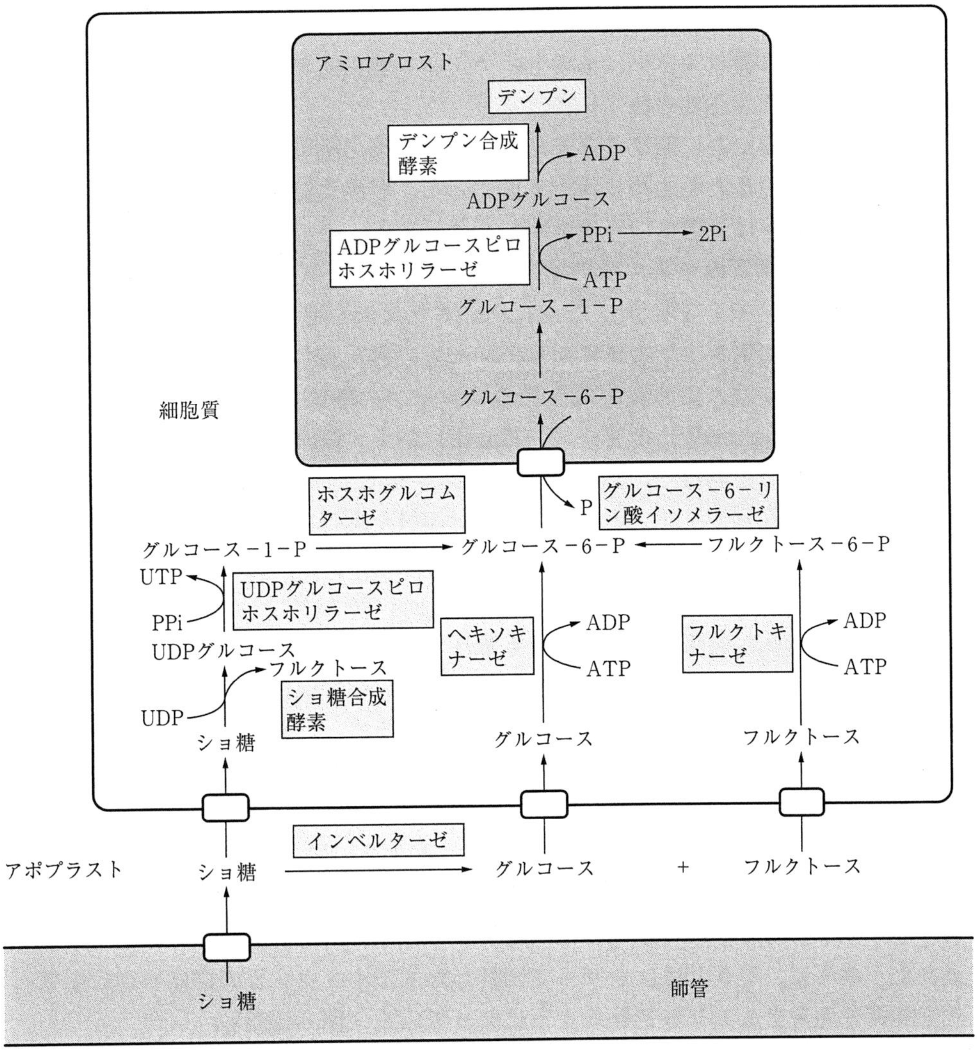

図 9.5　アポプラスト経由での師部からの積み下ろしとデンプン合成経路（Heldt, 2005）

る経路がある．シンクの細胞内では，グルコース-6-リン酸のかたちでアミロプラストに取り込まれた後，デンプンとして貯蔵される（図 9.5）．

Tea Time

植物の物質輸送を調べる

食植性のカメムシ類は管状の口を植物に刺し込み摂食する．これによって植物の組織は機械的，化学的に破壊されるだけでなく，病原性微生物の侵入を可能にする．破壊された部分が通常の組織ならば白斑のような食痕が残るが，破壊された部分が分裂組織におよぶと植物に奇形が生じる．また，カメムシに食害されたコムギ粒が混ざると，カメムシの唾液の混入によって，グルテンやデンプンが分解され，製粉後の小麦粉の品質が落ちることが知られている．このようにカメムシ類の植物や農業に与える影響は大きい．しかし，カメムシ類による吸汁を利用して師管液を集める方法が古くから知られている．

師管液を集めるために植物の茎を切っても，師管の細胞はすぐに切り口を閉じるとともに師管液の流れを止めて流出を防ぐから，容易に師管液は集められない．吸汁性のアブラムシは師管に口を突き刺して吸汁する，このとき，口を切って植物に刺った口吻から師管液を集める方法がある．1943 年にユースト（Yust）とフルトン（Fulton）がレモンを吸汁しているカイガラムシを捕まえたときに口が頭からはずれてレモンに刺さったままになり，レモンに刺さったままの口から液がにじみ出てくるのを見つけ，この滲出液を集めてレモンの糖の分析をした．その後 1951 年にケネディ（Kennedy）とブース（Booth）がマメ科植物を吸汁しているマメクロアブラムシの口を切って，1953 年にはケネディとミットラー（Mittler）がヤナギを吸汁しているヤナギコブオオアブラムシの口を剃刀で切り落として師管液を集めた．アブラムシは師管液のみを吸汁するので，師管液をこの方法で集めることができる．

しかし，アブラムシはどんな植物でも吸汁するわけではない．アブラムシが吸汁しない植物はどうすればよいのであろう．カメムシ類の口は口吻と呼ばれる硬い鞘の中に口針と呼ばれる弾性に富んだ管がある．さらに，口針の中には唾液が通るためのパイプと師管液が通るパイプがある．この口針を取り出して植物に刺そうとしても折れ曲がってうまく刺さらない．また，口吻ごと植物に刺してもうまく師管に刺すのはとても難しい．それで，同じように吸汁性の昆虫を使う方法が考案された，1980 年にカワベ（Kawabe）らはイネの師管液を分析するために，ツマグロヨコバイやトビイロウンカを用いて，レーザーでその口を切断してイネの師管液を集めた．さらに，現在ではレーザーで切断したトビイロウンカの口から逆に師管へ化学物質を注入することもできるようになっている（堀，1998）．

アブラムシは自分自身が吸収できる以上の師管液を吸い，余剰の糖分を濃縮して甘露として排出する．この甘露を求めてアリがやってきて，アブラムシの天敵のテントウムシから守っている．

第10講

リ　ン　酸

キーワード：グアノ　リン酸欠乏　リン鉱石　リン酸トランスポーター

リン（P）は窒素（N），カリウム（K）とともに3大栄養素として肥料の1つであるが，他の2つに比べて植物体中の含量は多くはない．Pの地球上の分布は過去の生物活動に関係しており，われわれが利用するリン酸の大部分はグアノと呼ばれる糞化石のような生物活動や物理化学的作用により生成した堆積物である．グアノを例にしても，食物連鎖によって海洋微生物-甲殻類-魚類-海鳥を経て生体濃縮される．その特徴は生物が外界から摂取する能力からきており，生体内では1,000倍以上となる．

リンの分布

Pはリン酸（PO_4^{3-}）の形で生体内に存在する．植物においては，有機結合型へのリン酸の取り込み経路は，疑いなくAMP，ADPそしてATPを生成するエステル化反応によるものである．リンは植物だけでなく，生命が有する主要な生命活動に不可欠な元素であり，遺伝情報を担う核酸，生体膜，エネルギーにかかわる物質のどの成分にもリン酸が含まれている．生命活動の中心を担う物質に含まれることから，Pは生命進化のごく初期の段階から不可欠な要素としてその役割を担って

表10.1　トウモロコシとヒトの元素組成（Epstein and Bloom, 2005）

元素	乾重(%) トウモロコシ *Zea mays*[a]	乾重(%) ヒト *Homo sapiens*[b]	元素	乾重(%) トウモロコシ *Zea mays*[a]	乾重(%) ヒト *Homo sapiens*[b]
O	44.43	14.62	S	0.17	0.78
C	43.57	55.99	Cl	0.14	0.47
H	6.24	7.46	Al	0.11	—
N	1.46	9.33	Fe	0.08	0.012
Si	1.17	0.005	Mn	0.04	—
K	0.92	1.09	Na	—	0.47
Ca	0.23	4.67	Zn	—	0.010
P	0.20	3.11	Rb	—	0.005
Mg	0.18	0.16			

[a] Miller（1938）より
[b] Hawk and Oser（1965）より

きたと思われる．

Pの植物体に占める割合はそれほど多くはない．主要な養分要素であるN，K，Ca，Mg，P，Sの4%を占めるにすぎず，植物体の乾重当たりで見てもわずかに0.3%である．この点，脊椎動物と大きく異なる．これは動物の脊椎骨へのリン酸カルシウムの沈着があるためである（表10.1）．

植物細胞内では，Pの50%以上が無機態であり，植物体中の無機リン酸濃度は5～20 mM程度である．若い葉の中の主要なPの存在形態で見ると，無機リン酸を1とすると，RNA 0.2，DNA 0.015，リン脂質0.15，リン酸エステル（糖リン酸，ATPなど）0.1の割合になる．Pの乾重当たりが，他の多量栄養素であるN（3.0%），K（1.4%）Ca（1.8%）に比べて0.3%と少ないにもかかわらず，多量栄養素として肥料に挙げられる理由は，土壌中では不溶化されやすいためである．Pは土壌に強く固定されているため土壌からの溶脱は多くはない．植物が利用でき

表10.2　土壌溶液中の無機溶液濃度範囲（Reisenauer, 1966）

元素（サンプル数）	濃度（ppm）	サンプル区分（%）	元素（サンプル数）	濃度（ppm）	サンプル区分（%）
カリウム	0～10	7.7	窒素(NO_3^-)	0～25	4.9
(155)	11～20	11.0	(879)	26～50	14.3
	21～30	12.9		51～100	28.8
	31～40	12.9		101～150	32.2
	41～50	10.3		151～200	10.5
	51～60	7.7		201～300	2.7
	61～80	11.6		301～400	4.9
	81～100	10.3		401～500	1.0
	101～200	10.3		501～1,000	0.4
	>200	5.2		>1,000	0.4
カルシウム	0～50	23.1	リン(PO_4^{3-})	0～0.03	25.0
(979)	51～100	54.6	(149)	0.031～0.06	18.8
	101～200	8.1		0.061～0.10	16.8
	201～300	2.4		0.101～0.15	12.1
	301～400	1.9		0.151～0.20	2.7
	401～500	3.8		0.201～0.25	2.0
	501～600	1.8		0.251～0.30	4.0
	601～700	1.5		0.301～0.40	6.0
	701～800	0.9		0.401～0.50	4.0
	801～1,000	1.3		>0.50	8.1
	>1,000	0.4			
マグネシウム	0～25	9.2	硫黄(SO_4^{2-})	26～50	21.4
(337)	0～25	16.5	(693)	26～50	40.1
	51～100	38.1		51～100	38.6
	101～200	25.2		101～200	3.2
	201～300	0.9		201～400	1.3
	301～500	0.6		401～500	0.1
	501～700	1.8		501～1,000	0.1
	701～1,000	0.0		1,001～2,000	0.3
	>1,000	2.4		>2,000	0.3

るリン酸はきわめて少なく，生命活動の中心におけるリン酸の役割から見て，常に欠乏の危機にさらされながら，体内への取り込みにも再利用にも工夫してきた様子が読み取れる元素である．リン酸欠乏は植物では普通に見られる現象である．多くのサンプルの土壌溶液を見てもリン酸含量がいかに少ないかがわかる（表 10.2）．

リン酸の吸収

P は酸素と結びついたリン酸の形で植物に吸収される．ふつうの元素では，土壌溶液中の濃度と道管中の濃度に大きな差はないが，組織中の濃度は道管中の濃度の 25～50 倍程度に濃くなる．しかし，リン酸は別で，土壌溶液中の濃度に対して道管中の濃度は 400 倍にも達する．リン酸は土壌中の pH が 7 以下では $H_2PO_4^-$ のイオンとして存在し，細胞内部が負の電荷を持つことや，土壌中ではマイクロモルレベルの濃度で細胞内はミリモルオーダーであることから，細胞に持ち込まれるにはエネルギーが必要である．リン酸の吸収には他の元素のように濃度により 2 段階に分けられ，低濃度での K_m 値は 5 μM であり，高濃度域での K_m 値は低濃度域の 100 倍も高くなる．低濃度域でのリン酸トランスポーターが酵母やシロイヌナズナで報告されている．濃度勾配に逆らう輸送であるため，プロトンとの共輸送が考えられている．また内生菌根菌との共生によるリン酸吸収の促進も知られており，第 18 講で述べる．

植物への P の供給を止めると，液胞中のリン酸は速やかに減少するが，細胞質中のリン酸含量は変化しない．これは，リン酸は液胞に貯められ，必要に応じて細胞質に汲み出されるからである．リン酸は生命維持やエネルギー代謝に不可欠であるため，このような恒常性保持機能が備えられているといえる．

葉の裏面からもリン酸吸収は可能である．葉の表面は，ワックスからできたクチクラ層でおおわれ，水の浸入や蒸散を防いでいるが，そのクチクラ層には親水性の直径 1 nm 以下のエクトデスマータと呼ばれる孔があり，葉の裏面に多く分布している．葉面散布されたリン酸の大半はこの孔から吸収される．また葉の縁にある水孔は，露のように普通は葉から水を分泌するが，この水孔にもリン酸吸収能力が備わっている．

リン酸の貯蔵

放射性無機リン酸（^{32}P）を短時間，根から吸収させると道管液の放射比活性は根の比活性よりかなり高くなる．この結果は吸収された ^{32}P は根の大部分のリン酸と隔離されていることを意味し，この隔離された不活性リン酸は非代謝的にプールされた無機リン酸であり，全無機リン酸の 85～95% を占める．この非代謝プールはほとんど液胞に貯められている．一方，残り 5～15% の代謝プールの無機リン酸は細胞質にある．リン酸，窒素（硝酸），カリウムはいざというときのためにぜいたく吸収と呼ばれる積極的吸収で液胞に貯蔵される理由として，多量元素の中でも欠乏しやすいことが考えられる．

穀類や種子では無機リン酸の含量は非常に小さく，大部分のリン酸はフィチン酸，すなわちミオイノシトールに6分子のリン酸がエステル結合した化合物で存在し，通常はフィチン酸のCa，Mgの塩であるフィチンとして水に溶けない形で貯蔵されている．フィチンは発芽直後にフィターゼにより加水分解されて，リン脂質などの合成に使われる．このようなPの特殊な貯蔵形態は，発芽後に土壌から吸収できるリン酸が他の栄養素と比べていかに不足しやすい元素であるかを物語っている．

生理的役割

リン酸は，硝酸や硫酸のように，吸収後いったん還元されてから利用されるのではなく，リン酸の形のままで身体をつくっている有機物質の中に組み込まれ，重要な働きをする．Pは核の成分であるDNAやRNAである核酸，細胞質膜の成分であるリン脂質，補酵素NADPやエネルギー転換の要であるATPなどの低分子リン酸エステルなどの構成元素として必須な役割を担っている．また光合成，呼吸における炭素代謝では糖のリン酸化とともに反応が進行する．

欠　乏　症

P欠乏の特徴として，まず全体的な生育不良が挙げられる．重度なリン欠乏では生育が停止する．これはリン酸が植物の代謝の全般にかかわっていることに起因する．そのことは言い換えると，軽度な欠乏ではいくぶん生長が劣るのみで，さしたる特徴的症状が見られないともいえる．

細胞分裂が盛んな初期生育時では，リン酸要求量が大きく欠乏症が出やすい．一方，初期生育時に十分なリン酸を与えると，その後の栄養生長時に欠乏は出にくい．そのため，窒素肥料が追肥が主になるのに対して，リン酸肥料は元肥が基本となる．

低温や日照不足など根の活性を低下させる条件では，リン酸吸収が阻害されるため，冷害の年ではリン酸の施肥効果が顕著になることが知られている．

リン酸欠乏症では，古葉に出やすく，リン酸が欠乏すると古葉中の有機リン酸化合物が分解されて，リン酸が生長部位に運ばれるためで，クロロシスをおこす．トマトでは，Pの欠乏で葉の酸性ホスファターゼ活性が10倍に上昇することが報告されており，リン酸移動の役割が考えられる．Pの欠乏症状は窒素欠乏症に似ているが，P欠乏では上位葉は暗緑色を呈し，N欠乏と区別できる．また，下葉にアントシアンの赤紫が，特に葉脈にそって出ることがあるが一般的ではない．リン酸肥料は実肥と呼ばれるように，実りの部分にリン酸を多く必要とし，P欠乏では登熟不良が発生しやすくなる．

過　剰　症

リン酸は土壌中では不可給化しやすく，また毒性が少なく液胞でも蓄えるため，リン酸施肥においても比較的過剰症が出にくい．しかし，実肥として，品質の向上のため多肥されることがあり，過剰障害が出ることがある．

過剰症としては，葉の先端や葉縁部のクロロシスが見られる．過剰障害の発生機構としては，その自体の毒性より，Fe，Mg，Zn などの金属イオンと反応して不溶化することによる他の必須元素の欠乏症として現れると考えられている．

Tea Time

グアノとリン鉱石

グアノとはインカ帝国のケチュア語で糞を意味し，赤道近くの無人島に営巣するカツオドリ，ペリカン，グアナイ（海鵜）などの海鳥の排泄物が，遺骸とともに堆積して化石となったものである．グアノはリン酸と N を多く含み，インカ時代から肥料として珍重されていた．グアノがヨーロッパに伝えられたのは，19 世紀のはじめであったが，そのきっかけは，赤道アメリカの探検を行なったフンボルト（Humboldt）の調査であった．地理的にペルー沖は，南極から北上する寒流のフンボルト海流が通り，そのためプランクトンが非常に豊富である．このため，アンチョビ（カタクチ鰯）などの豊富な漁場となっている．このアンチョビを求めて海鳥が群棲して，長年にわたり無人島に糞が堆積したものがグアノである．ペルー沖では雨が非常に少なく窒素分が溶脱していないため，N もリン酸も豊富であり，そのまま肥料になる．この窒素質グアノの取り合いのため一時は戦争が頻発した．この窒素質グアノに比べて，南太平洋の島々のグアノは，雨が多いため窒素分が流

出しており，リン酸質グアノ（リン酸石灰）と呼ばれる．これはそのままでは肥効が低く，リン鉱石と同じく，硫酸処理を行なってから肥料に用いる．

リン酸は，マグマの固化した火成岩には0.2％程度しか含まれていないが，リン鉱石は20％以上にもなる．種類は生物起源のリン鉱石と，非生物起源のリン灰石がある．生物起源のリン鉱石には，先述のリン酸質グアノもあるが，量的に多いのが海成リン鉱石と呼ばれるもので，これはおもに海棲生物活動の結果である．海水に溶けているリン酸はプランクトンをはじめ海棲生物に取り込まれて濃縮される．それらの死がいは海底に沈殿し，アパタイトとなって堆積する．また海棲脊椎動物の堆積した遺体も海底で化石化する．それらが地殻変動で隆起して地層になったものである．非生物起源のリン灰石は，火成岩の生成過程でアパタイトにフッ素が入ったものが風化に耐えて残ったものである．しかし量的には圧倒的に海成リン鉱石が多い（高橋，2004）．

第11講

カリウム

キーワード：ぜいたく吸収　気孔開閉　カリウムトランスポーター

カリウム（K）は窒素（N），リン（P）とともに3大肥料の成分の1つに挙げられているように多量必須元素である．多いときには植物体の乾重の10％にもなる．植物をポットの中で焼いた灰から水抽出して得た炭酸カリウムをポタッシュ（potash）といい，そのアルカリ性から媒染剤などいろいろな用途に使われていた．英語のカリウム（potassium）の語源でもある．その生理学的役割は窒素やリン酸ほど明確ではない．いまだにKを含んだ生理的に重要な有機化合物が見いだされていない．Kは生体内の環境を調える役割を持った元素といえる．それはKが不溶性の化合物をつくらず，生体内の細胞質や液胞で水溶性の無機塩や有機酸の塩を形成し，イオンとして行動する性質を持っているところから由来している．

植物中のカリウム量

細胞質ではKの濃度はほぼ120 mMに保たれている．一方，液胞内の濃度は様々で，外界にKが多い場合はかなりの濃度で貯めこみ，外界のKが不足すると，液胞から持ち出す貯蔵庫の役割を持っている．この積極吸収から「ぜいたく吸収」といわれているが，むしろ「不測事態対応吸収」というほうがよいようにも思われる．

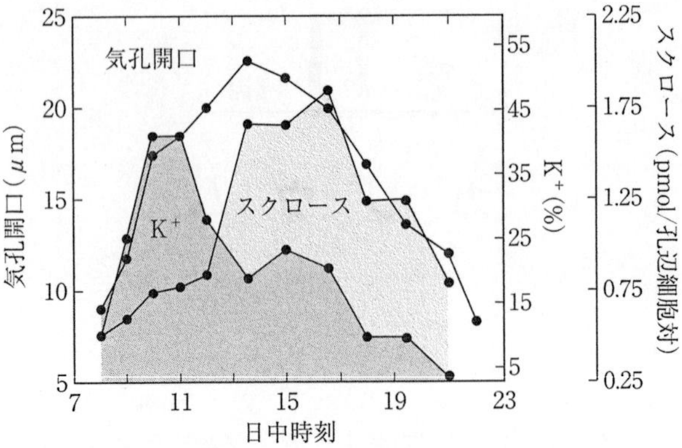

図 11.1　ソラマメの孔辺細胞中のカリウムイオンとスクロース含量と気孔開口における日中変化 (Epstein and Bloom, 2005)

硝酸などでも同様の貯蔵方法が知られており，栄養素の中でも多量栄養素であるKやNは不足しがちな環境に適応する機構が備わっている．カリウムイオン（K^+）は細胞内にあって，原形質の構造維持，膜輸送，アニオンに対する中和や浸透圧の調節に重要な役割を果たしており，気孔の開閉を行なう孔辺細胞の膨圧変化にもK^+が関係している．周辺細胞から孔辺細胞の液胞にKが流入すると数百mMにもなる．京都大学の今村駿一郎が1943年にはじめて気孔開閉にKが関与することを示している．その後，1969年にはKの気孔開閉への特異性が明らかになった．

気孔開口の際にKが気孔細胞へ流入し，その後細胞から流出するが，それにもかかわらず気孔はさらに開口する．この場合には，Kの流出に見合うようにスクロースが増加している．その後のスクロースの減少で気孔も閉じていくことが明らかになっている（図11.1）．

カリウム欠乏

Kの欠乏は，一般的には葉が暗緑色や青緑色になる場合が多い．また葉の生長に伴い，ネクロシスの白い斑点が出ることもある．Kは体内で必要に応じて移動する（表12.3）．植物全体でK欠乏になると，古い葉の中のKは生理作用の活発な若い葉に移動するため，古い葉の先端や周縁が黄褐色に変色して下葉から枯れはじめる．また茎の節間の著しい短縮がロゼット葉のような形になる場合や，白斑症状が出ることもある．イネのK欠乏症としては，デンプンが穂に蓄積される時期に穂にKが移動するため，稈の根もとのところが折れて倒伏する．

またKが欠乏すると，体内で可溶性の糖類やアミノ酸が増加する一方，デンプンやタンパク質の含量は減少する．これは，Kが欠乏すると低分子化合物から高分子化合物への合成が低下し，炭水化物代謝や窒素代謝がみだれることからくる．K欠乏の他の影響は，有機カチオンのジアミンであるプトレシンの蓄積を引きおこすことである．これは，無機カチオンであるKの役割の一部がpH調整を担っていることを示しており，プトレシンはその代替と考えられている．実験としては，0.025 M の塩酸のような薄い酸にオオムギの根を浸したときにプトレシン合成系酵素が誘導されることが報告されている．

K の不足はアンモニア態窒素が過剰になると欠乏症が出やすく，そのため窒素供給量の多いほど K の施用が必要になる．K は植物に吸収されやすく，土の中に K が多いと植物の K 含量は高くなるが，アンモニアの場合のように過剰吸収により生育阻害をおこすことは少ない．しかし，Ca や Mg などの陽イオンと競り合うので，K/(Ca+Mg)比の増大は家畜にグラステタニーを引きおこす原因となることがある．グラステタニーは血液中の Mg 濃度の低下でおこる神経症状である．

生理的役割

金属酵素のように K を含む酵素は知られていないが，デンプン合成酵素やリン酸基を転移するホスキナーゼ系の酵素など K^+ によって活性化される酵素は少なくない．一価のカチオンで活性化される酵素は 60 種以上で，ほとんどは K である．この活性化に必要な K^+ 濃度は基質濃度よりはるかに高いことから，K は酵素タンパクのまわりに結合してその立体構造と活性の維持に関与していると考えられている．酵素の活性化に 50 mM から 100 mM 程度の高濃度の K を必要とするということから，細胞質でなぜこれほどの高濃度の K が必要なのか，なぜ進化の過程でもこの高濃度が維持されてきたか，そしてなぜ K がこれほど肥料として多量に要るかが理解できる．また K は細胞質に吸着しているため，生きた組織から溶出しにくいが，枯死した場合は容易に水で溶出される．一方，耐塩性植物種が多いアカザ科のサトウダイコン（*Beta vulgaris*）において，K の 98% がナトリウム（Na）に置き換えることができることが報告されている．このことから K の持つ特異的機能は多量に含まれる K の中の少量にすぎないようにも思われる．一方，非耐塩性植物では，Na を液胞へ蓄積できないため Na への置き換えはおこらない．細胞の保水力を生み出し，水ストレスへの対応の原動力となる浸透圧は有機酸と無機イオンがその主体であるが，無機イオンでは K が主である．K 欠乏による生育不足では，浸透圧低下による保水力減少から，気孔の閉鎖，CO_2 の取り込み抑制による光合成の低下の結果と考えられている．気孔の開閉のほかに食虫植物の捕中葉やオジギソウなどのマメ科植物の複葉や葉枕の運動は K による浸透圧変化の結果である．

吸収とカリウムトランスポーター

最初に K のトランスポーターの存在は，図 11.2 のような吸収特性から示唆された．ソラマメの表皮を様々な一価のカチオン溶液に浮かべて光を照射すると，K とルビジウム（Rb）の場合に気孔が開口する．

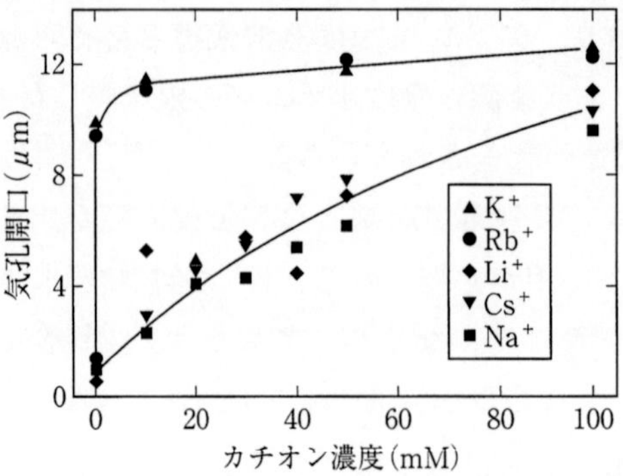

図 11.2　気孔開口における一価カチオンの役割（Epstein and Bloom, 2005）

現在までに多くのカリウムトランスポーターが知られているが，そのカテゴリーは，コンパートメント内部の流入またはコンパートメント外部への流出を担うチャンネル，そして高い親和性をもつナトリウムイオン（Na^+）とともに作動するポンプの 3 種類がある．

いわゆるイオンチャンネルと呼ばれるイオン輸送システムでは毎秒 10^6〜10^8 個のイオンが膜を通って輸送される．このチャンネルはその孔の両側が開くため，トランスロケーターとは区別され，そのイオン輸送能力の高さから電気伝導度で表される．多くのイオンチャンネルが報告されているが，植物では H^+，K^+，Ca^{2+} それぞれに選択性の高いカチオンチャンネルがあり，また Cl^- やリンゴ酸のジカルボン酸を通すアニオンチャンネルもある．しかし，動物で報告されているような Na^+ に特異的なイオンチャンネルはないと思われる．気孔の孔辺細胞では，細胞膜が過分極すると内向きの K^+ チャンネルが開いて細胞内に K^+ が流入し，脱分極するともうひとつの外向きの K^+ チャンネルが開いて K^+ が流出する．

K^+ チャンネルは細菌から動物，植物までとてもよく似ていることがわかっている．そのことから放線菌の K^+ チャンネルで示された X 線構造解析による 3 次元構造は植物にもあてはまる．放線菌では，図 11.3 のように 2 個の膜貫通ドメイン

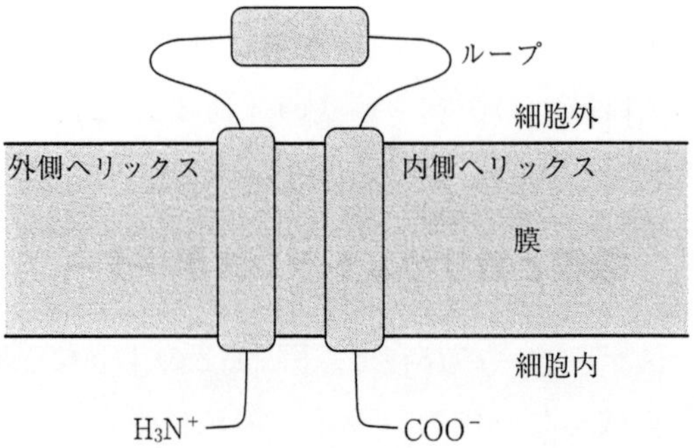

図 11.3　カリウムイオンチャンネルの構造模式図（Heldt, 2005）

が，約 30 個のアミノ酸ループでつながっており，このループがイオン選択性に関与する．このサブユニット 4 個からなるチャンネルでは，各サブユニットの内側ヘリックス 1 個がチャンネル通路の内張りとなり，孔の内部は水が詰まっており，ループ 4 個からなるフイルターで孔が塞がれている．このフイルターの孔は大変小さく，K^+ がそこを通りぬけるには，水和殻を脱がないと通れない．フイルター孔は酸素原子で内張りされているため水の代用となって K^+ 複合体となり，フイルター孔を通り抜ける．Na^+ は K^+ より小さいため，うまく水和殻が脱げないため孔に入れない．

Tea Time

カリ鉱石

産業革命の進展に伴い，海藻や草木を焼いて得られるアルカリ灰のカリウム（ポタッシュ）は用途が広がり，不足するようになった．19 世紀に入るとボーリング技術が発達し，西ヨーロッパでは地下深い岩塩層が掘り出されるようになった．その中でもドイツ中部にあるシュタッスフルトの岩塩層の発見は肥料学の歴史では特筆される．ボーリングの竪坑 256 m で，まず不純な塩といわれる層に遭遇し，その後岩塩層につき当たった．この不純な塩は廃物の塩とも呼ばれ，岩塩のような製塩に使われる塩と異なり扱いにくい塩であった．しかし，シュタッスフルトの廃物の塩は，特に塩化カリウムが多く，この塩はその後重要な産物となった．なぜなら，ポタッシュは戦略物資である硝石をつくるのに必要であったからであり，発見された塩化カリウムはそれにかわりうることが明らかになった．またカリウム塩はポタッシュと同様に肥料として有効であることがわかったことも重要で，当時の農芸化学の権威であるリービッヒ（Liebig）の推

表 11.1 海水の無機組成と濃度（Pilson, 1998）

組成	g/kg	mol/l
H_2O	964.831	53.54223
Cl^-	19.353	0.55940
Na^+	10.781	0.48068
SO_4^{2-}	2.712	0.02894
Mg^{2+}	1.284	0.05415
Ca^{2+}	0.412	0.01054
K^+	0.399	0.01047
HCO_3^-	0.126	0.00211
Br^-	0.067	0.00084
$H_2BO_3^-$	0.026	0.00043
Sr^{2+}	0.008	0.00009
F^-	0.001	0.00007

奨も大きく影響した．その後第一次大戦がおこり，ドイツからカリウム塩が入らなくなったアメリカは，カリフォルニアのサールス涸湖からKを採掘し，爆薬や肥料の原料の硝石とした．これには後日談がある．これを肥料で用いたとき，カリウム塩の1/3近くになるホウ砂が，トウモロコシなどの作物にホウ素過剰障害を引き起こし，これを供給した農業組合は，多大な損害賠償を農家に行なった．ホウ素の過剰障害として有名な話である．

通常の岩塩にはほとんどKが含まれないのは，海水が閉じ込められてまず海水中の濃度の高い塩のうち（表11.1），塩化ナトリウムが沈殿し，上清の塩化マグネシウムや塩化カリウムが沈殿する前に外部に流れ出てしまうためと考えられている（高橋，2004）．

第12講

多量必須元素

キーワード：カルシウム　マグネシウム　必須元素　リービッヒ

植物は，根から水と無機物，葉から二酸化炭素を吸収し，太陽光のエネルギーを利用して生育できる．土や有機物は必要でなく，水と必須元素のみで生活を完結できることが明らかになっている．歴史上では，リービッヒ（Liebig）の無機栄養説(1840年）以来，水耕液での栽培の試みが行なわれザックス（Sachs），クノップ(Knop）らにより，19世紀中ごろには水耕法が確立された．そしてこの方法を用いて，植物が生育にどのような無機イオン（元素）を必要とするか明らかになった．まず，19世紀の終わりまでに9種の多量元素（C，H，O，N，P，S，K，Ca，Mg）と微量元素の鉄（Fe）の必須性が証明された．

ところが，その後それまでに用いられた培養液作成のための試薬中に，微量に含まれていた他の元素のうちいくつかが，植物にとって不可欠であることがわかり，20世紀中ごろまでにMn，Cu，Zn，Mo，B，Clの6種の元素が微量必須元素として確認され，植物体から検出されている60種あまりの元素のうち，最近まで陸上植物では16種が必須元素として認められてきた．しかし最近では，ニッケル(Ni）はウレアーゼの構成元素であり，またオオムギ種子発芽における役割やアメリカ南西部にあるペカンという作物での野外でのNi欠乏が報告され，微量必須元素に加えられて現在必須元素は17種とされている．一方，動物ではさらに多い28

表12.1　動物の必須元素（Uthus and Seaborn, 1996；O'Dell and Sunde, 1997）

	生化学的に必須性が認められた元素			生理的阻害により必須と思われる元素	
多量元素	C	H	N		
	O	S	Ca		
	Cl	P	K		
	Na	Mg			
微量元素	Fe		Co	F	As
	I		Mo	Cr	Li
	Cu		Se	V	Pb
	Mn		Zn	Si	B
				Ni	

種の元素が成長と健康維持に必要とされている（表 12.1）.

必須元素とは

高等植物の必須元素の基準としては次の 3 つがある.

①その元素が欠乏すると生育異常となり，生活が完結できない.

②その元素は他の元素に置き換えできないし，他の元素の過剰な害を消去するような間接的効果でなく，特定の植物に限られうるようなものでもない.

③その元素が植物にとって必須な生体物質の構成成分となっているか，生化学反応に関与している

①に関しては水耕栽培によって明らかにされ，③は必須性の生化学的役割を求めている．必須元素の生化学的機能がすべてに量的および質的に明らかになってはいないが，上記の 17 種は一応これらの基準を満たしていると見なされている．なお，②に関しては，必ずしも必須元素の基準にしないこともあり，現在も議論されている．たとえば，ウレアーゼの構成元素 Ni のかわりにコバルト（Co）を与えても一部活性が上昇し，Ni の代替性機能があるため，②の基準からいえば Ni は必須元素に当てはまらないが，最近 Ni は必須元素とされた.

これらの必須元素とは別に，特定の植物に限られる元素や，特殊な環境で植物の生育に有利に働くような元素があり，これを有用元素と呼んで必須元素と区別している．有用元素としては Si，Na，Co，Al，Se などがある．以下によく用いられるホーグランド（Hoagland）改変培地組成を示した（表 12.2）.

本講ではまず多量必須元素について述べる.

表 12.2　水耕栽培におけるホーグランド改変培地組成（Epstein and Bloom, 2005）

	化合物	分子量 (g/mol)	貯蔵溶液 (m/M)	濃度 (g/*l*)	終量(/*l*)へ加える貯蔵溶液量(m*l*)	元素	終濃度 (μM)	終濃度 (ppm)
多量元素	KNO_3	101.10	1,000	101.10	6.0	N	16,000	224
	$Ca(NO_3)_2\cdot 4H_2O$	236.16	1,000	236.16	4.0	Ca	4,000	160
	$NH_4H_2PO_4$	115.08	1,000	115.08	2.0	P	2,000	62
	$MgSO_4\cdot 7H_2O$	246.47	500	123.24	2.0	S	1,000	32
微量元素	KCl	74.55	25	1.864	2.0	Cl	50	1.77
	H_3BO_3	61.83	12.5	0.773		B	25	0.27
	$MnSO_4\cdot H_2O$	169.01	1.0	0.169		Mn	2.0	0.11
	$ZnSO_4\cdot 7H_2O$	287.54	1.0	0.288		Zn	2.0	0.13
	$CuSO_4\cdot 5H_2O$	249.68	0.25	0.062		Cu	0.5	0.03
	H_2MoO_4 (85% MoO_3)	161.97	0.25	0.040		Mo	0.5	0.05
	NaFeDTPA (10% Fe)	558.50	53.7	30.0	0.3～1.0	Fe	16.1～53.7	1.00～3.00
オプション	$NiSO_4\cdot 6H_2O$	262.84	0.25	0.066	2.0	Ni	0.5	0.03
	$Na_2SiO_3\cdot 9H_2O$	284.20	1,000	284.20	1.0	Si	1000	28

炭素，酸素，水素，窒素，硫黄

水（H_2O）や二酸化炭素（CO_2）からくる炭水化物や脂肪，そしてタンパク質を構成する元素には炭素（C），水素（H），酸素（O）以外に窒素（N）と硫黄（S）がある．NとSに関してはそれぞれ第7講，第9講でその役割や欠乏症などにふれたが，動物と植物でその割合を比較したとき，植物は動物に比べてOがかなり高く，NとSは有意に低い．その理由として，植物は細胞壁から構成されていること，動物は植物に比べてタンパク質が多いことが挙げられよう．なお，動物，植物とも水（H_2O）が最大の構成成分であることも元素組成を考える上で重要なポイントである．

リン，カリウム

リン（P），カリウム（K）に関してはそれぞれ第10講，第11講にその役割や栄養学上の側面を示したが，窒素（N）とともに3大肥料成分であることと，N，P，Kが多量必須元素であることは，肥料学と植物栄養学の関係を示している．

カルシウム

カルシウム（Ca）の必須性としては，刺激の伝達の仲介や，染色体や生体膜の構造と機能の維持などの役割が挙げられる．そのためCaの欠乏症状では膜組織の崩壊が見られ，またCaを除去すると膜の透過性が高まることが知られている．またCaは細胞壁の中葉にペクチン酸カルシウムとして存在し，細胞組織の構造維持に役立っている．このことがCaが体内で再移動しにくい理由となっている．Ca不足に起因する生育障害がおきやすいため，N，P，KについでCaが肥料の4要素に数えられる．根から吸収されたCaは，おもに蒸散により道管を通って地上部に移行する．Caは肥料の4要素の中で，N，P，Kと異なるところは，ホウ素と同様に植物の種類によって含量や要求性の違いが大きいこと，また植物体で移動しにくいため，若い葉よりも古い葉に多く，欠乏症は地上部や根の分裂組織に現れやすいことである．元素の転流は師管によって行なわれるが，表12.3でもCaが移行しにくい元素であることがわかる．

Caはまた液胞の中でシュウ酸カルシウムの結晶として存在しており，体内で生じたシュウ酸を不溶化する役割を果たしているが，葉中のシュウ酸とCaの量に一定の関係がなく，シュウ酸の無毒化作用とは考えにくい．しかし，Caの移動性が

表 12.3 各種元素の師管内での移動性（山崎ら，1993）

大	窒素，カリウム，マグネシウム，リン，硫黄，塩素
中	鉄，マンガン，亜鉛，銅，モリブデン
小	カルシウム，ホウ素

乏しい一因にはなっている．Ca はほかのカチオンに比べると，酵素に果たす役割は大きくはないが，ATP アーゼやホスホリパーゼ D など，いくつかの酵素の活性化や，α-アミラーゼの構造維持に寄与していることが知られている．

酸性土壌による作物の生育不良は，単に養分としての Ca が不足するだけでなく，酸性によって土壌の Al や Mn が溶けやすくなっておきる Al や Mn の過剰障害も原因である．また土壌が乾燥したり，塩類濃度が高まったりして吸水が妨げられるときも，Ca 欠乏がおこりやすい．

Ca は双子葉植物に多く含まれ，単子葉植物，特にイネ科では少ない傾向があり，これは根の Ca 置換容量に依存している．Ca 欠乏も，イネやムギなどの葉の幅のせまい作物よりも，果菜や葉菜のような葉の広い作物で出やすい．たとえばトマトの尻腐れ，ハクサイ，キャベツ，タマネギの心腐れ，ソラマメ種皮のしみ症，リンゴのビターピット（果実の赤道部から下の方にかけて 2～10 mm の斑点ができ，皮をむくとコルク状の斑点が現れる）などの Ca 欠乏症が知られているが，Ca は蒸散で道管により地上部に運ばれるため，蒸散の少ない部分に欠乏症が出やすい．症状としてはいずれも果皮や結球の心葉の組織が褐変壊死する特徴がある．またチューリップでは Ca 欠乏によって首折れがおこりやすくなる．

花粉の発芽やマメ科植物の根粒の生長も Ca 不足に敏感である．植物の Ca 吸収力は P や K に比べると弱く，土壌が酸性化してくると，吸収利用できる Ca が減少するだけでなく，増加する水素イオンが吸収を妨げるので，要求量の多い植物は Ca 不足となる．要求量の多い植物はペクチン含量も多く，それが Ca 欠乏の出やすさになっている．

一方石灰質土壌や石灰の過用によりおこる障害は，Ca それ自体の過剰よりも，pH の上昇による土壌中の鉄やマンガンやホウ素の不溶化の結果，これらの元素欠乏を引きおこす場合が多く，間接的である．

Tea Time

カルシウムイオンチャンネルとポンプ

動物と同様，Ca は植物では環境からの情報を受けて生物としての応答を行なうまでの仲介役を担っている．そのため，細胞質の Ca 濃度は通常は 0.1〜0.2 μM 程度で，一方，それ以外の区域（細胞壁，液胞，小胞体，細胞器官）では約 1 mM か，それ以上となる．カルシウムイオンチャンネルが開くと，その高い濃度勾配ゆえに，Ca^{2+} が細胞質に流入し，酵素活性の上昇やカルモジュリンを活性化する．カルモジュリンはそのアミノ酸配列がよく保存されたタンパク質として知られている．また，その後 Ca が結合したカルモジュリンは，Ca^{2+}-ATP アーゼ（ATP で駆動するカルシウムポンプ）や H^{+}-Ca^{2+} アンチポーターを活性化して，細胞質の Ca^{2+} をそれ以外の区域に放出することで，細胞質の Ca 濃度をもとに戻すことになる．シロイヌナズナでは少なくとも 11 種の Ca^{2+}-ATP アーゼがあり，カルモジュリンで制御されるタイプとされないタイプの 2 群に分類される．

マグネシウム

高等植物の葉には平均 0.3% 程度のマグネシウム（Mg）が含まれている．クロロフィル結合型の Mg は全マグネシウムの 6〜35% 程度である．それ以外の水溶性 Mg は原形質と会合しているか，リンゴ酸，クエン酸などの有機酸の塩として存在する．また 5〜10% の Mg は細胞壁のペクチンや液胞中のシュウ酸やリン酸と固く結合して不動態となっている．そして穀粒中ではフィチン酸のマグネシウム塩となって存在し，ナタネのような油脂含量の高い種子にも多く含まれている．

クロロフィル結合型 Mg は土壌から供給される Mg 量が増えると割合が低下する．代謝プールの Mg 濃度は厳密に調節されており，細胞質や葉緑体中の Mg 濃度は 2〜10 mM くらいである．液胞は Mg の貯蔵庫として代謝プールの Mg 濃度調節に関与する．Mg は多雨なわが国では Ca と同様土壌から溶脱しやすく，また土壌が酸性化すると Mg 欠乏になりやすい．Mg が欠乏するとクロロフィルができなくなるので葉は黄化するが，N 欠乏と異なり葉脈部分の緑色は残るという特徴がある．Mg は，植物体内を移動しやすく，不足すると古い葉から新しい葉に再分布して，下位の葉から黄化がおこる点で Ca とは異なっている（表 12.3）．

Mg の生理作用としてはまず光合成における役割として，Mg が葉緑素の生成に必要であるのみならず，炭酸固定に必要なリン酸化反応に関係する多くの酵素の働きを助ける作用を持つ．Mg は DNA の転写や翻訳の過程にも必須であることがクロレラで証明されている．Mg が欠乏すると，タンパク質態以外の窒素の割合が増加するが，これは Mg 欠乏によってタンパク質合成が阻害されるためであり，タンパク質合成に必要なリボソーム粒子の立体配置に Mg が役割を果たしていることが知られている．細胞中では，Mg は酵素タンパク質と ATP との間に架橋をつくり，これによって基質をリン酸化する．またグルタミン合成酵素など窒素代謝に関係する酵素の働きにも Mg が必要であると考えられているが，これらは酵素，Mg，基質の 3 成分からなる複合体の架橋元素として，厳密な 3 次元構造を形成することで反応に関与している．

Tea Time

カルシウム資材とマグネシウム肥料

生石灰（CaO），消石灰（$Ca(OH)_2$），炭酸カルシウム（$CaCO_3$）のようなカルシウム資材を土壌に施用すると，土壌 pH の上昇と，それに伴う可溶性窒素の増加のほかにカルシウムそのものによる病原性への抵抗性が増すことが知られている．たとえばトマトの青枯病では，カルシウム施用で発病が抑制される．この場合には他の元素と病原抵抗性の関係と同様に品種間格差が大きく，この発病抑制効果には細胞壁の Ca^{2+} は関与せず，他の働きによることがわかっている．またイネいもち病や大豆茎疫病でも効果が報告され，この効果はセカンドメッセンジャーとして，抵抗性にかかわる酵素群を活性化する．またピシウム菌や茎疫病菌の遊走子放出抑制効果もある．近年，畑のカルシウムとして石膏（硫酸カルシウム）資材も多く使われる．この場合は土壌 pH を上げることなく，また吸収も炭酸カルシウムよりよい．

一方，わが国は降水量が多いために耕地土壌のマグネシウム（Mg）は表層から下層に溶脱しやすく，土壌診断に基づいたマグネシウム肥料の投与が必要な場合が多い．肥料取締法では，普通肥料として硫酸マグネシウム肥料，水酸化マグネシウム肥料，酢酸マグネシウム肥料，腐植酸マグネシウム肥料，炭酸マグネシウム肥料，加工マグネシウム肥料，リグニンマグネシウム肥料，副産マグネシウム肥料，混合マグネシウム肥料，被覆マグネシウム肥料の 10 種があり，それぞれ主成分としての有効マグネシウム肥料の最少値が定められている．

この中で，腐植酸マグネシウム肥料は，石炭や亜炭を硫酸で分解し，これに水酸化マグネシウムまたは焼成蛇紋岩粉末などのマグネシウム源を反応させてつくる．腐植酸に相当するものは肥料の 40% 以上で，ク溶性（クエン酸で可溶）と水溶性の両方を含むが，肥効は遅効性である．

第 13 講

微量必須元素 I

キーワード：鉄　マンガン　亜鉛　銅

植物の必須元素 17 種のうち，炭素，水素，酸素を除く多量必須元素 6 種と微量必須元素 8 種などの作物含量の範囲を表 13.1 に示したが，そのうち，鉄（Fe），マンガン（Mn），亜鉛（Zn），銅（Cu）について本講で述べる．

表 13.1　作物中の元素組成と濃度範囲（Epstein and Bloom, 2005）

元素	濃度範囲（乾重基準）	備考
N(%)	0.5〜6	多量必須元素
P(%)	0.15〜0.5	
S(%)	0.1〜1.5	
K(%)	0.8〜8	
Ca(%)	0.1〜6	
Mg(%)	0.05〜1	
Fe(ppm)	20〜600	微量必須元素
Mn(ppm)	10〜600	
Zn(ppm)	10〜250	
Cu(ppm)	2〜50	
Ni(ppm)	0.05〜5	
B(ppm)	0.2〜800	
Cl(ppm)	10〜80,000	
Mo(ppm)	0.1〜1.0	
Co(ppm)	0.05〜10	窒素固定において必須
Na(%)	0.001〜8	ある種の植物で必須であり多くの植物で準必須
Si(%)	0.1〜10	
Al(%)	0.1〜500	必須性は知られていない．しばしば毒性を呈する

鉄

鉄（Fe）の必須性は 19 世紀中ごろにはすでに知られており，微量必須元素では最初に見いだされた．植物は Fe をおもに Fe^{2+} の形で吸収するが，植物の根の遺伝的形質で吸収能力に差があり，Fe 欠乏のおこりやすさも異なる．Fe は植物体を動きにくいため，Fe が欠乏すると葉，特に新葉に鉄黄変と呼ばれる特徴的な黄白化が生ずる．（表 12.3）．この症状は，クロロフィル合成系への 2，3 のステップに鉄がかかわっているからと考えられている．

Fe 欠乏への対応には2つのタイプがあり，ひとつは Fe と結合するキレート物質の分泌であり，もうひとつは Fe^{2+} への還元による可溶化である．それぞれのタイプでも遺伝的形質で吸収能力が異なる．イネ科植物では，根から Fe 溶解能力の高いキレート剤，ムギネ酸を分泌し，その分泌量と植物の Fe 欠乏感受性に関係があることが知られている．Fe は土壌中ではケイ酸，アルミニウムについで多い元素で約5% 程度になるが，植物体では，100〜300 ppm 程度しか含まれていない．それは土壌中の Fe 含有量自体の問題でなく，土壌中での Fe の溶解度が低く，吸収しにくいためである．世界の各地に分布する半乾燥地帯には石灰質土壌が多くあり，また石灰の多量施肥で土壌が中性やアルカリ性になると，Fe は $Fe(OH)_2$ として不溶化する．他に Fe 欠乏を引きおこす例として，Mn や Co などの重金属濃度が高いと Fe の吸収・移動が阻害される場合や，水耕栽培でリン酸濃度を上げるとリン酸カルシウムとともに Fe が共沈する場合がある．一方，Fe の過剰は Fe 欠乏に比べるとおこりにくい．水田では還元状態のため，土壌中の Fe^{2+} が増加するが，水稲の根のまわりは酸化力が高く，Fe は酸化されて不溶化するため過剰吸収がおきない．

Fe は生体内で酵素の活性化や，光合成や呼吸に関与するヘム鉄や非ヘム鉄を含むタンパク質として重要な役割を演じている．Fe の役割として，まずヘム鉄含有タンパク質や非ヘム鉄を含んだ鉄-硫黄（Fe-S）タンパク質として，Fe は $Fe^{2+} \leftrightarrow Fe^{3+}$ の変化により電子伝達や酸化還元反応に関与する．また生体内で二価鉄イオンとして，シスアコニターゼやジオキシゲナーゼなど酵素の活性化因子として関与している．Fe は窒素固定細菌の持っている酵素ニトロゲナーゼにも含まれ，そのほかに Fe の貯蔵体，ファイトフェリチンにも多量の Fe が含まれている．

マンガン

マンガン（Mn）の必須性は燕麦，大豆，トマトなどの植物ではじめて明らかにされた．Mn 欠乏に最も敏感なのは葉緑体であり，Mn^{2+} は光合成機構の光化学系 II での酸素発生に不可欠である．この反応中心で，励起クロロフィルで生じた電子欠損は水から引き出された電子により補充される．水からクロロフィルへの電子伝達にはマンガンクラスターが関与する．電子欠損クロロフィルはタンパクのチロシン残基を介してチラコイドに結合した Mn^{2+} から電子を奪い，その結果生じた Mn^{3+} は強い酸化力を持ち，解離した水の OH^- イオンから電子を奪い酸素を発生させる．またチラコイド膜には Mn を構成成分とするスーパーオキサイドジスムターゼ（SOD）が結合しており，活性酸素を消去することで葉緑体を守っている．また Mn は解糖系やクエン酸回路における多くの酵素系や，窒素代謝，アスコルビン酸代謝，フェノール代謝にかかわる酵素，葉緑体の RNA ポリメラーゼなどを活性化するが，多くの場合 Mg など他の二価金属で代替可能である．

Mn 欠乏症は黄化クロロシスや，葉脈間の褐色の小斑点や奇形となって現れ，Fe 欠乏初期に似る．しかし Zn や Fe ほど鮮明ではない．現場での Mn 欠乏に由来する異常としては，ブドウや赤ジソなどのアントシアンの色づきが悪くなる．またエンバクでは葉の基部に，野外でしばしば見かける灰斑病と呼ばれる斑点が出る．エンドウ，ソラマメなどの種子の子葉部分が褐変する湿地病，サトウダイコンの黄斑病なども知られ，わが国ではムギ類，陸稲，柑橘類，ブドウなどに Mn 欠乏が報告されている．Mn 欠乏は pH の高い有機質の土壌でおこりやすく，Mn^{2+} が Mn^{4+} に酸化され，不溶となる．

土壌が強酸性の場合や還元状態では，Mn^{2+} 過剰障害が現れ，症状では下方の葉や茎に褐色の斑点が現れる．植物の Mn 含量は，植物の種類で異なり，草本植物ではイネ科，特に水稲の Mn 含量が高い．木本植物では，強酸性土壌でも生育できる茶樹の Mn 含量の高いことはアルミニウムと同様有名で，植物体中の Mn は，Fe や Cu のように根にとどまることはなく，地上部に移行し，イネや茶の葉に相当量蓄積する．ミカンやリンゴでは Mn 過剰障害が出やすく，キャベツ，レタスでは葉縁クロロシスと呼ばれる，葉の縁が黄化する現象がおきる．またキャベツやカリフラワーでは葉がカップ状に変形する．

亜　　鉛

亜鉛（Zn）の必須性については，はじめクロコウジカビで見いだされ，次にトウモロコシの生育にも影響があるとことが報告され，1926 年にいろいろな植物でその必須性が確認された．Zn の吸収様式や移行形態についてはよくわかっていないが，まず根の細胞壁のペクチンにイオン交換で吸着され，ゆっくり体内に取り込まれる．欠乏症は体内での移行性が低いため，新葉や新梢の新芽に現れる（表 12.3）．

Zn は，Fe や Cu，Mn などの金属と異なりイオン価が変わらず，常に Zn^{2+} のため，酸化還元には関与しない．高等植物の Zn の金属タンパクとしては炭酸脱水酵素，Cu-Zn・SOD やアルコールデヒドロゲナーゼなどが知られている．炭酸脱水酵素は葉緑体中に溶けている炭酸から CO_2 を遊離させ，CO_2 を取り込む RuBP カルボキシラーゼ/オキシゲナーゼに基質を与える．このため，SOD も含めて Zn は光合成や葉緑体に必要な元素である．Zn はまたタンパク質合成にも関与しており，RNA ポリメラーゼは亜鉛酵素として知られている．また RNA ポリメラーゼが遺伝情報を読み取る際の転写因子タンパク質中に，Zn が 4 個のシステインまたはヒスチジンと配位結合することでペプチド鎖は指の形に折り曲がる Zn フィンガーモチーフがある場合が多い．なお動物や微生物では DNA ポリメラーゼにも含まれているが，植物ではいまだ明らかではない．

Zn の生理作用としては，植物ホルモンであるインドール酢酸の代謝への関与が見出され，Zn 欠乏植物の頂芽のインドール酢酸濃度は著しく低く，Zn の投与で正常な濃度にまで回復する．しかし，Zn 欠乏植物で必ずしもインドール酢酸濃度が低くない場合も報告されており結論が得られていない．

Zn の欠乏症の特徴は果樹でまず若い葉の生長が著しく抑えられ，節間が短縮し，小さな葉が密生してロゼット状となることである．この症状からインドール酢酸合成系への関与が考えられた．イネやトウモロコシの葉でクロロシスがおこるが，野菜などでは葉脈間に黄色の斑点ができる点で Fe 欠乏と区別され，カンキツ類ではトラ葉として知られており，この症状は SOD 活性低下が原因とも思われている．農耕地で見られる Zn 欠乏症としては，カンキツ類の小葉病，トウモロコシの白芽症などがある．そのほか，コンニャク，タマネギなどにも Zn 施用効果が報告されている．Cu 欠乏と似て，Zn 欠乏が pH の高い土壌や有機物含量の多い土壌でおこりやすい．また，土壌中のリン酸濃度が高いと，リン酸亜鉛となり，Zn 欠乏となりやすい．アメリカのフロリダやテネシーのリン鉱地帯では土壌中のリン酸含量が高く，カンキツ類やトウモロコシに Zn 欠乏が現われる．

Zn の過剰障害は Cu に比べて毒性が低いが，鉱山の鉱滓の集積場周辺やその流域地帯，メッキ工場の排水の流入した水田でおこることがある．イネは比較的耐性であるが，ダイズ，インゲンマメなどのマメ科やタマネギやイチゴの作物で過剰障害がおきやすい．高濃度の亜鉛で，植物体内でフィトキレーチンが生成されることが知られているが，Cd ほどの生成能はないとされる．

銅

銅（Cu）の必須性は，1931 年にトマト，ヒマワリ，オオムギが Cu 欠乏で生育が阻害され，種子がつくれないことから証明された．Cu は地上部では葉緑体中に多く，クローバーでは 75% に達する．Cu は光化学系 I・II 間の電子伝達の橋渡しを担うプラストシアニンに半分程度含まれるが，また葉緑体のストロマには Cu と Zn を含んだスーパーオキサイドジスムターゼ（SOD）があり，活性酸素の消去にかかわっている．そして RuBP カルボキシラーゼ/オキシゲナーゼも Cu タンパク質である．また呼吸系の末端酸化酵素複合体も銅を含む．そのほか Cu はアスコルビン酸酸化酵素やアミン酸化酵素，そしてチロシナーゼ，ラッカーゼなどの酸化酵素にも含まれている．Cu はこれらの酵素の構成金属であり，$Cu^{2+} \leftrightarrow Cu^{+}$ の形で酸素により直接基質を酸化する．

足尾銅山鉱毒事件で活躍した田中正造翁

植物体中の含量は Cu では 6 ppm 程度で，Zn の 1/3，Mn の 1/10 くらいである（表 15.1）．Cu は植物体中では根に多く，移動性が小さいため欠乏症は新葉や若枝の先に現れる（表12.3）．欠乏は葉が黄化や深青緑となり葉縁が巻き上がる場合や，樹皮が荒れて，ゴム状の物質が樹皮から漏出する症状を示す．リグニン合成に関与するポリフェノール酸化酵素も銅酵素であるため，Cu欠乏組織ではリグニン化が抑えられ木部の発達が不十分となる．

欠乏は種々の畑作物で見られるが，水稲では見当たらない．Cuはほかの微量金属元素と比べて有機物と結合する性質が強いので，Cu欠乏は有機質土壌におこりやすい．またCuは土壌コロイドに強く保持される性質があり，pHが高くなるにつれて吸着力が増し，植物は吸収しにくくなる．一方，土壌が酸性化すると，Cuは水素イオンと置換されて吸収しやすくなる．現場の欠乏症としては，泥炭地を開墾したときに，オオムギ，コムギ，アルファルファ，レタス，ニンジン，タマネギ，トマト，サトウダイコンなどにおきる開墾病，カンキツ類の皮疹症や枝枯れがある．わが国でも，東北，北海道の腐植質火山灰土壌でオオムギやコムギにCu欠乏がおきることが報告されている．

CuはまたFe，Zn，Moなどと拮抗して働くことが知られており，Cuの過剰は根に集積して著しい害を引きおこす．根では毛根が見られず，太くなるか箒状となる．Cu過剰はわが国では，明治時代の足尾銅山による渡良瀬川流域の鉱毒事件が知られている．

Cuの害の原因は，細胞の中で活発な生理作用がいとなまれている部位にある微量必須元素，特にFeがCuと置き換わり，機能が損なわれることが原因である．Cuの過剰は通常50〜100 ppmの体内濃度で障害が現れるが，植物の中にはこの濃度をはるかにこえるCuを含有していても生育阻害を受けないものもある．アフリカ中部のCu含量の高い土壌には，乾重当たり1,000 ppmをこえるCuを集積する植物が自生している．これらの植物の中では銅は特殊な化合物をつくり，細胞内で無毒化されていると思われるが，その耐性機構はよくわかっていない．

Tea Time

野菜とイネの鉄吸収

植物は，土の鉱物質からミネラルを吸収する場合，根からいろいろな酸を分泌しているが，おもに炭酸と有機酸である．有機酸ではクエン酸やリンゴ酸，そしてある種のアミノ酸が知られている．野菜などの双子葉植物と単子葉のイネ科ではFeの吸収機構が異なっている．Feは，土壌には約5%含まれているが，ほとんどが難溶性の酸化鉄である．野菜では，酸や有機酸，フェノール物質でFeを溶けやすくし，根の表面にある還元酵素で，三価鉄を二価鉄に還元してから，鉄トランスポーター（IRT）で細胞内に取り込む．アルカリ土壌では，Zn，Mn，Cuも難溶性となり，同様なイオン取込機構が考えられる．

一方，イネ科では，Feが欠乏すると根からアミノ酸の一種であるムギネ酸（図 13.1）類が分泌される．

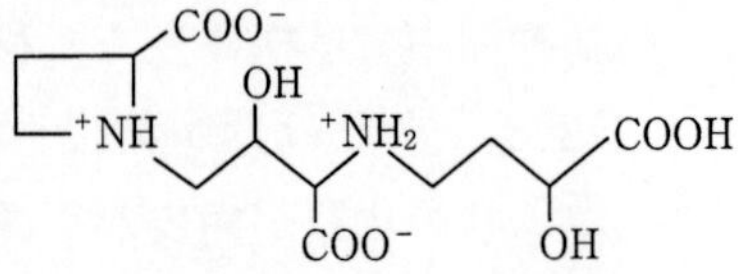

図 13.1　ムギネ酸の構造式

このムギネ酸と三価鉄はキレート結合して，そのままムギネ酸-鉄トランスポーター（YS）で吸収される．根から分泌されるムギネ酸類は分泌に日周性があり，イネ科の種類が異なると放出時間帯が異なることが知られている．そのため，果樹の周辺にイネ科の牧草を混植すると，果樹のFe欠乏が出なくなることや，種類の異なる複数のイネ科牧草の混植ではさらに効果的であることが報告されている（渡辺，2005）．

第 14 講

微量必須元素 II

キーワード：モリブデン　ホウ素　塩素　ニッケル　ラムノガラクツロナン II

8 種の微量必須元素のうち，前講で述べた 4 元素の残りの微量元素であるモリブデン（Mo），ホウ素（B），塩素（Cl），ニッケル（Ni）についてふれる．

モリブデン

モリブデン（Mo）は必要量の最も少ない元素であり，その量は銅の 1/10 でしかない（表 15.1）．必須性は，はじめ細菌のアゾトバクターで，のちに根粒菌，クロストリジウム，ラン藻が窒素固定に依存する場合の要求性が明らかになった．高等植物では，まずトマトの水耕栽培で 1939 年に発見された．植物の窒素同化は最初アンモニアからであったが，光合成のために酸素が大気中に増加したため，アンモニアを硝酸に変えてエネルギーを得る細菌が増加することになる．その結果，硝酸を再還元してアンモニアにして同化する必要が生じた．これが窒素固定のみならず，Mo が植物全体で必須性元素となった由来と考えられている．

Mo はニトロゲナーゼの構成金属として，大気中の分子状窒素の固定を行なうマメ科植物や非マメ科植物の根粒には，茎葉の 10 倍以上もの Mo が含まれている．そのためマメ科植物では Mo 欠乏が問題になる．Mo が不足すると，共生的窒素固定に依存している場合には窒素欠乏におちいり，窒素含量率が低下して生育不良となる．植物全般では，Mo は硝酸還元酵素の構成元素であり，硝酸態窒素の窒素の還元同化に重要な役割を果たしており，Mo の生育効果は植物が硝酸態窒素を同化しているときに現れる．

Mo はほかの重金属に比べると植物体中の道管を多少移動しやすく，欠乏症状は下位葉や中位葉に現れる．これらは，モリブデン酸（MoO_4^{2-}）というアニオンの形で吸収され，負に帯電している道管内を移動しやすいと思われる．現地における Mo 不足として知られているものには，アブラナ科の作物に限って見られる鞭状葉症がある．またカンキツ類の葉の黄斑病やマメ類の葉の盃状葉症などがある．一般的な欠乏症状は，いくぶんマンガン欠乏に似て葉脈間に黄緑色の斑点ができる．

農耕地土壌の Mo 含量は 1〜3 ppm 程度であり，特に石灰の施用されていない新開発の畑地で欠乏になりやすい．Mo は酸性土壌で欠乏が出やすく，石灰で中和することによって有効度を増す．土壌中の Mo の形態は，アニオンのモリブデン酸イオンであり，酸性でアルミニウムや鉄の酸化物そして有機物と結合して不溶化する．またモリブデン酸イオンは土壌コロイドに吸着する度合いは酸性になるほど大になる．Mo の一部は有機態として存在し，植物はこれを吸収利用できる．

植物の Mo 含量は微量必須元素の中で最も少ないが，過剰に吸収しても比較的害を受けにくい．通常の Mo 含量は数 ppm であるが，100 ppm でも害の出ない点で特異な元素といえる．また，同じ二価のアニオンである硫酸イオンが共存していると，競合して Mo の吸収量を低下させるため，土壌の Mo 過剰対策に硫安などの硫酸塩が施用される．

Mo が家畜にとって微量必須元素であるのは，Mo を含んだキサンチン酸化酵素などの働きを通してであるが，家畜に Mo 欠乏症が実際におこった例は知られていない．しかし，過剰のモリブデン酸に対する家畜の感受性は植物よりはるかに高く，家畜の中でウシは Mo 中毒にかかりやすい．そのような地域で生育している牧草の Mo 含量は数十 ppm と高いが，植物には影響はない．

ホ　ウ　素

ホウ素（B）は高等植物には必須であり，珪藻類や海成藻類でも微量必須要素とされている．微生物や緑藻では必須性は明らかではないが，B 欠乏培地では酵母の増殖が劣ることが報告されている．動物では受精後の胚発生に必要であることから，必須性が認められている（表 12.1）．植物が進化の過程で陸地に上陸し，維管束を形成する過程で B が必要になったと思われ，強固な細胞壁形成に果たすホウ素の役割が考えられる．ホウ酸（H_3BO_3）の pK_1 は 9.2 であり，一般の土壌ではイオンでなく分子の形で吸収されると考えられていたが，最近，ホウ酸水素イオン（$B(HO)_4^-$）での吸収が明らかになっている．土壌中の B 含量は通常は 10 ppm 程度であるが，腐植の多い土壌では多い．ホウ酸含量は植物の種類による差異が大きく，双子葉植物では高いが単子葉とくにイネ科では低く，その傾向は Ca の場合に似ており，細胞壁の要求度からくる．B はホウ酸の形で存在するが，pH が高いほど土壌による吸着固定は強くなる．Ca と同様植物体内を移動しにくいため，B 欠乏は成長点付近でおこる（表 12.3）．

B の生理作用は，リン酸に似て，糖などの有機物の水酸基とエステルをつくることによって作用すると思われていたが，最近までその作用点は不明であった．間藤ら（Matoh and Kobayashi, 1988）は，標準培養したタバコから調整したプロトプラストには，吸収された B の 1.26% しか含まれないことを明らかにし，さらに細胞壁に含まれる B の 80% が，特定のペクチンであるラムノガラクツロナン II と架橋して機能していることを見いだした（図 14.1）．これらの発見から，いままでの

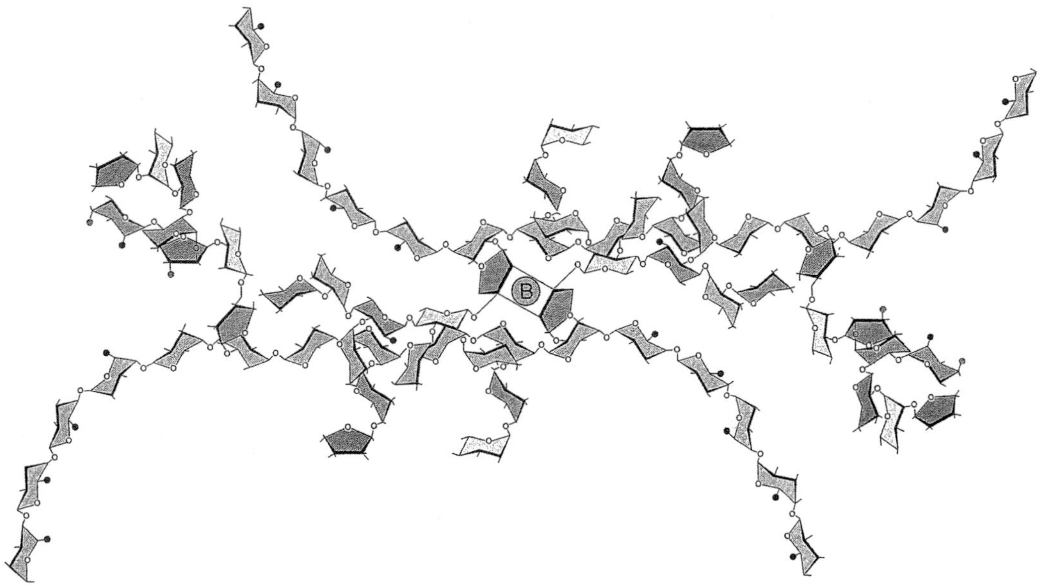

図 14.1　ラムノガラクツロナン II の構造（Epstein and Bloom, 2005）

欠乏症の多くを説明できると考えられる．

B 欠乏は急速に伸長したり，肥大したりする組織，たとえば花茎や花粉管，塊根や果実，さらに頂芽の分裂組織などに現れやすく，茎分裂組織や新葉が壊死する．現地における B 欠乏症は多数知られており，ダイコンやビートの心腐れ，ナタネやムギの不稔，セロリーの茎のひび割れ，リンゴやミカンの果実が縮んで硬くなるなどの症状が出る．B に対する要求性や耐性は植物によって著しく異なる．欠乏はハクサイ＞ナタネ＞ビールムギ＞イネの順に出やすい．また必要量と過剰量の幅が狭いのも B の特徴であり，ホウ素肥料の施用に当たっては作物の B 要求性や耐性に注意が必要である．

B の過剰障害発生の機構はよくわかっていないが，イネは B の必要量がかなり少ない植物であるため B 過剰に弱く，工場からの排水や特殊な湧き水に含まれている B が水田に流入するとイネの葉にネクロシスなどの障害が出る．

塩　素

塩素（Cl）は 1954 年に確認された微量必須元素であり，トマトに対して他の必須元素の水耕試験をしている際に判明した．塩素イオン（Cl^-）は海からの粉塵が給源になるため，Cl 欠除実験はわが国のような海辺に近い場合は困難が伴う．

Cl の必須性の根拠として知られている生理作用は，葉緑体チラコイド膜の光化学系 II における水分解-酸素発生過程での触媒機能である．しかし，サトウダイコンでの Cl 欠乏実験では，生育速度の低下するときに光合成活性が低下しておらず，光化学系 II における水分解だけの機能ではない可能性もある．また他の役割として，Cl 欠乏植物はしおれやすく，気孔開閉制御への Cl^- の役割も考えられている．タマネギなど孔辺細胞に葉緑体を持たない種ではリンゴ酸ができないため，K のカウンターアニオンとして Cl^- が気孔の開閉にかかわっている．ヤシでは含塩素肥料が生育促進効果を示し，施用効果の原因としても気孔開閉が考えられ，コムギでも同様な効果が報告されている．

Cl 欠乏症はトマトではまず頂端が萎凋し，軟弱となって壊死する．欠乏症は一般に根の伸長が止まり太くなる．さらにすすむとネクロシスを呈する．サトウダイコン，レタス，キャベツなどは Cl 欠乏に対して感受性が高く，キウイは特に Cl 要求量の多い作物として知られている．一方，大型の種子を持つ穀類やマメ類は鈍感であり，これは種子からの塩素の持込量が大きいためと思われる．また Cl 欠乏が現れるときの植物の含有量は 100 ppm 前後といわれる．

Cl_2 ガスの毒性は別として Cl^- の毒性は弱く，植物では通常 2～20 g/kg と高濃度に存在する．しかし，潮風や海水の流入による塩害，乾燥地における塩類集積など，環境中の Cl レベルが著しく高いときは塩害がおきる．障害の原因は塩の浸透圧によるものか，それ以外の Cl 特有の生理作用が関与しているのか明らかでない．

ニッケル

ニッケル（Ni）は最近になり，植物での必須元素として認められた．今までにも植物に含まれるウレアーゼはその活性中心に Ni を含む金属酵素として知られており，また微生物のヒドロゲナーゼも Ni で活性化される．また，尿素のみを窒素源としてトマトやオオムギを生育させた場合，Ni 欠培地では生育不良をおこすことや Ni 含有率の低いオオムギ種子では完全な発芽ができないことが報告された．植物体内に尿素生成経路が存在することからも，必須元素として記載された．欠乏症状では，葉周縁のネクロシスや葉の未成熟，種子数の減少などがある．そして最近，アメリカ南西部にあるペカンという作物での野外での Ni 欠乏が報告された．この場合の欠乏では葉の小コップ状（ネズミの耳）化や成長の減少，そして木部の脆性などが挙げられ，土壌中の Ni 欠乏が Mn 過剰からくるものであると考えられている．

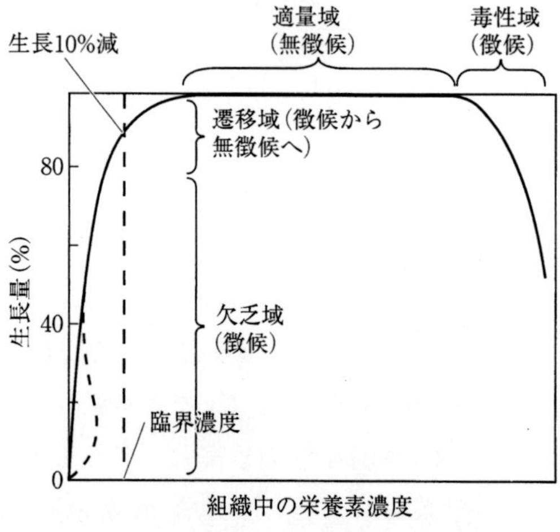

図 14.2 植物組織中の養分元素の濃度変化による一般的な生長曲線（Epstein and Bloom, 2005）

必須元素 17 種の最後に，植物組織中の元素含量と生長量の関係を図 14.2 に示した．

Tea Time

シロイヌナズナのホウ酸水素輸送――腎臓の炭酸水素輸送と同じ仕組み？

B はホウ酸水素イオンという形で植物に取り込まれる，必須の栄養である．ホウ酸水素イオンは容易に細胞膜を透過するが，それを調節することは難しい．以前は，炭酸やホウ酸，酢酸などの弱酸と水，グリセロール，アンモニア，尿素などはおもに拡散にしたがって細胞膜を輸送されていて，トランスポーターは必要ないと考えられていた．しかし，水や尿素の輸送のためのアクアポーリンや，尿素の能動輸送のためのトランスポーター，さらに脂肪酸のトランスポーターの発見によって，弱酸にもトランスポーターがあるだろうと推測されるようになった．

シロイヌナズナの突然変異体には高濃度のホウ酸を要求するものがあった．この変異体を通常のホウ酸濃度で育てたとき，根よりも葉により著しい成長の障害が現れた．この突然変異体と野生型を様々な濃度のホウ酸を含む溶液で育てると，ホウ酸濃度に依存して植物のホウ酸濃度は上昇する．葉や道管液のホウ酸濃度は野生型に比べて変異体のほうが低いけれども，根の細胞液のホウ酸濃度は変異体と野生型とで差がない．このことから，この変異体ではホウ酸を細胞液から道管へ輸送する仕組みが壊れていると考えられる．そこで，この変異体の原因遺伝子を突き止め，BOR 1 と名付けた．BOR 1 が発現している部分は中心柱の周りにある内鞘の細胞であった．また，BOR 1 のホモログが酵母で見つかっており，酵母の BOR 1 ホモログの変異体はホウ酸の排出速度が遅かった．この変異体へ BOR 1 を導入するとホウ酸の排出が改善された．このように BOR 1 はホウ酸を内鞘から道管へ輸送するトランスポーターであることがわかった．

BOR 1 と相同性のあるタンパク質を調べると，BOR 1 とより似たもののクラスターと陽イオン交換体が見いだされた．そして，BOR 1 の含まれるクラスターの中にはヒトの腎臓の間細胞で働いている炭酸水素イオン-塩化物イオン交換体も含まれていた．間細胞の炭酸水素イオンの交換体は血管側へ炭酸水素イオンを輸送するとともに，細胞内へ塩化物イオンを輸送する．細胞内へ入った塩化物イオンはカリウムイオン-塩化物イオンの共輸送や塩化物イオンチャンネルを通して再び血管側へ輸送されている．内鞘での BOR 1 を介したホウ酸水素イオンの輸送には，3 つの可能性が考えられる．ひとつは BOR 1 が促進拡散のための輸送体として機能する可能性，もうひとつはホウ酸イオンと塩化物イオンの交換体である可能性，そしてホウ酸イオンと水素イオンの対向輸送として機能する可能性である．BOR 1 が他の輸送体よりも炭酸水素イオン-塩化物イオンの交換体と似ていたことや内鞘には塩化物イオンの濃度勾配を作り出す X-QUAC と呼ばれる塩化物イオンチャンネルがあること，さらに酵母での BOR 1 のホモログはホウ酸イオンのほかに炭酸水素イオンや塩化物イオンと結合することから，BOR 1はホウ酸イオン-塩化物イオンの交換体であると考えられる（Frommer and von Wiren, 2002）.

第15講

有用元素

キーワード：ケイ素　ナトリウム　アルミニウム　コバルト　セレン　バナジウム

17種類の必須元素とは別に，特定の植物に限られる元素や，特殊な環境で植物の生育に有利に働くような元素があり，これを有用元素と呼んで必須元素と区別している．有用元素としてはケイ素（Si），ナトリウム（Na），コバルト（Co），アルミニウム（Al）などがある．

ケイ素

ケイ素（Si）はケイ酸として，地殻中に酸素に次いで多量に存在する．植物が土壌から吸収できるSiはオルソケイ酸（H_4SiO_4）で，中性では解離せず，ノニオンとして吸収されると思われる．土壌溶液中では0.1～0.6 mMの濃度範囲で，これはリン酸の100～1,000倍もある．被子植物のケイ酸含量は少ない場合では0.1%ではあるが，これはMgやCaなど多量必須元素の範囲である．マメ科植物では低いが，シダ植物，イネ科植物の中には乾物重量の10%にまでなる．Siの肥料としての有用性が認められたのはわが国が最初であったが，それはわが国の主要作物であるイネが典型的なケイ酸集積植物だからである．イネ培養細胞ではケイ酸を吸収しないが，発根した場合にケイ酸吸収がおこるため，積極的ケイ酸吸収は根に由来すると思われていたが，2006年にイネの根からケイ酸トランスポーターが報告された．これらのケイ酸集積植物においても水耕実験ではケイ酸の必須性は認められていないが，今後は自然の土壌環境も植物栄養の立場から検証する必要がある．一方，珪藻ではケイ酸欠乏で増殖できないため，必須元素である．また維管束植物では，シダ植物のトクサ科だけがSiが必須元素として認められている．イネのケイ酸施用効果は，①水田ではケイ酸吸収でイネ葉身の下垂を防いで受光姿勢をよくすることで，生育の促進が認められること，②倒伏抵抗性も増すこと，③ケイ酸吸収によりいもち病などの病害虫への抵抗性が増すこと，④低温，乾燥，塩害などのストレスも受けにくくなること．これらのことから，Siはイネにとって有用元素とされている．またイネ以外でも露地栽培のキュウリでもツル割れ病がケイ酸肥料の施用で軽減される場合が報告されている．

イネ葉ではケイ酸の90%以上がシリカゲルのポリマーとして，クチクラ層の下のシリカ層，そしてその下のシリカセルロース層として，イネ表皮細胞のクチクラ-シリカ二重層を形成している（図15.1）．これは蒸散で，根から運ばれたケイ酸が過飽和となりシリカゲルとして集積したものと考えられている．

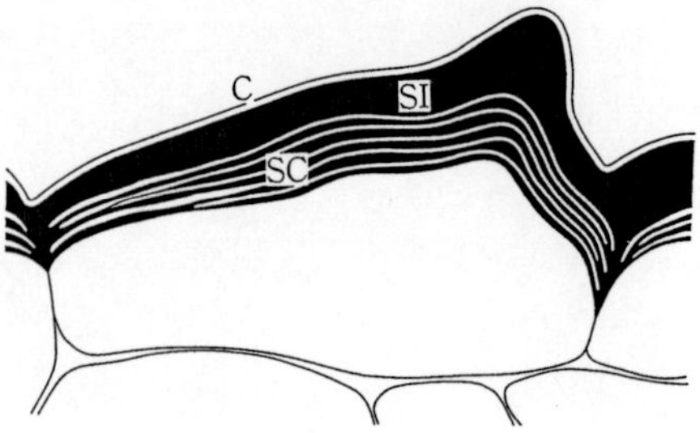

図15.1　イネ表皮細胞におけるケイ酸の局在（吉田，1965）
黒い部分がケイ酸の沈積を示している．
C：クチクラ層，SI：シリカ層，SC：シリカセルロース層．

同じイネ科でもワックスのクチクラ層が発達するトウモロコシと異なり，イネではこのクチクラ層が発達せず，クチクラ-シリカ二重層で葉からの蒸散を防いでいる．このため，ケイ酸欠乏ではクチクラからの蒸散が過剰となる．またいもち病のような糸状菌の攻撃も受けやすくなる．すなわちケイ酸の集積により，水の過度の蒸散を防ぎ，また物理的強度を増す結果となっている．ゲルマニウムはSiの同族体であり，イネのようなケイ酸集積植物には吸収されやすくケイ酸吸収機構の研究に用いられる．またケイ酸を集積しない，トマトにおいても開花時期にケイ酸欠乏培地で生育させると，異常をおこして収量が減少することが知られているが，通常の土壌では欠乏症は発生しない．

表15.1　植物組織中に含まれる元素濃度（Stout, 1961）

	元素	化学記号	原子量	乾重濃度		Niを1としたときの比原子数
				μmol/g	ppm または%	
微量元素						
	ニッケル	Ni	58.69	0.001	0.05 ppm	1
	モリブデン	Mo	95.95	0.001	0.1 ppm	1
	コバルト	Co	58.94	0.002	0.1 ppm	2
	銅	Cu	63.54	0.10	6 ppm	100
	亜鉛	Zn	65.38	0.30	20 ppm	300
	ナトリウム	Na	22.91	0.40	10 ppm	400
	マンガン	Mn	54.94	1.0	50 ppm	1,000
	ホウ素	B	10.82	2.0	20 ppm	2,000
	鉄	Fe	55.85	2.0	100 ppm	2,000
	塩素	Cl	35.46	3.0	100 ppm	3,000
多量元素						
	ケイ素	Si	28.09	30	0.1%	30,000
	硫黄	S	32.07	30	0.1%	30,000
	リン	P	30.98	60	0.2%	60,000
	マグネシウム	Mg	24.32	80	0.2%	80,000
	カルシウム	Ca	40.08	125	0.5%	125,000
	カリウム	K	39.10	250	1.0%	250,000
	窒素	N	14.01	1,000	1.5%	1,000,000
	酸素	O	16.00	30,000	45 %	30,000,000
	炭素	C	12.01	40,000	45 %	40,000,000
	水素	H	1.01	60,000	6 %	60,000,000

Si は病害抵抗性だけでなく，不良環境下での生育促進にも効果がある．キュウリの試験ハウスで，うどんこ病の発病抑制と同時に収量にも大きく差がつくことが報告されている．このキュウリは Si 吸収量の多い品種を選択して行なわれ，ケイ酸カルシウムを施肥したときに，無施肥の 2 倍の収量を上げている．無施肥ではうどんこ病が発生したことも収量が落ち込んだ原因ではあるが，うどんこ病用の薬剤で発病を抑えたキュウリよりも 3 割の増収となっている．植物の組織に含まれる地上部の元素組成を表 15.1 に示すが，Si は多量元素に含まれている．これは，土壌中にケイ酸が多く含まれるからであろう．また NMR を用いた研究において，有機ケイ酸の存在が示され，この場合には Si は四価でなく五価や六価と報告されており，今後ケイ素生化学として進展するかもしれない．

ナトリウム

動物では多量に存在し必須性が明らかであるが，植物ではナトリウム（Na）含量が少なく，高等植物が Na を必須元素とするかどうかの Na 欠乏水耕栽培試験が繰り返されたが，トマトなどでは生育には大きな影響が認められなかったため，Na は現在まで，必須元素とは認められていない．しかし，その後，Na 欠乏培地で生育量の低下，花芽形成不良や，クロロシス，ネクロシスを生じる Na に特異な反応を示す一群の植物種があることが判明し，いずれも C_4 植物であった．同じアカザ科ハマアカザ属のうち C_3 植物の種では欠乏症は現れず，C_4 の種のみクロロシスが出ると報告された．これら Na を微量必須元素とする種では，C_4 植物の中でも NAD-リンゴ酸酵素型，PEP-CK 型の C_4 光合成経路を持つものであり，サトウキビやトウモロコシのような NADP-リンゴ酸酵素型では Na 欠乏が現れない．CAM 植物でも微量の Na で生育が促進される．Na を必須とするキビ，ハゲイトウの葉緑体では，PEP の前駆体ピルビン酸のクロロプラストへの持込が Na との共輸送であることが報告され，これらの植物の Na 作用点は，葉肉細胞クロロプラストのピルビン酸トランスポーターである可能性が示されている．一方，同じアカザ科の好塩性植物の一種 *Halogeton* は Na を多量必須元素とする性質を持つものとして知られている．

必須元素として認められていない C_3 植物でもカリウム（K）が欠乏しているときには，Na 施用が K 欠乏障害を軽減することがあり，また特定の作物では K 欠乏でなくとも Na の生育促進効果が認められることから，Na は有用元素とされている．実際に，Na を K 以上に吸収するサトウダイコンでは，K 存在下でも Na の効果が認められるため，チリ硝石などの Na 塩が施用されている．K 欠乏時での Na の効果は，K の機能の中でも，膨圧の維持や陰電荷の中和の代替作用であると考えられている．Na の効果が認められるイネやイタリアングラスでは，K 欠乏時に吸収された Na が葉に移動するが，Na の効果のないトウモロコシやダイズでは根で吸収されても葉に移動しないことが知られている．これらの違いは，土壌中の Na の有無から進化の過程で分かれたとも考えられ，興味深い．

アルミニウム

植物でのアルミニウム（Al）の必須性を証明した例はまだないが，日本の火山土壌に生育するオオイタドリやススキは Al で生育がよくなることが報告されている．またアルミを多量に集積する茶の木でも Al 欠乏培地では明らかに生育がよくないこと，マンガン過剰障害が Al 供与で明らかに軽減されることから，すくなくとも茶では Al は有用元素と考えられている．一方，アジサイでは花の青い色は Al の量に依存していることや，水耕栽培で生育させた柑橘類では銅の毒性に対し拮抗的に働くことなども知られている．Al の毒性は第 20 講の耐酸性で述べる．

コバルト

動物や多くの微生物ではコバルト（Co）は明らかに必須元素であるが，植物のみで Co の必須性を示した例はいまだ報告されていない．ただし，植物と微生物の共生窒素固定には Co の必要性は認められており，今後，高等植物自体に必須性が見出される可能性はある．しかし，共生窒素固定を行なう植物でも，アンモニアや硝酸を与えた場合には，Co の必須性が消失することも知られている．Co は微生物ではコバラミン（B_{12} と関連化合物）補酵素として働き，共生窒素固定を行なうバクテリアもこの働きによると考えらえている．牛や羊の Co 不足による貧血症もビタミン B_{12} 不足である．動物でも B_{12} 誘導体がメチルマロニル CoA ムターゼの補酵素として働いている．

植物でも極微量の Co を培養液に添加した場合にコムギの生育が促進された例や，芳香族アミノ酸合成系酵素のアイソザイムの 1 つが Co^{2+} 要求性であるとの報告もあり，有用元素である可能性もある．しかし，植物にとって Co は毒性の強い元素の 1 つとしても知られている．

セレン

以前から，牛や羊にとってセレン（Se）が必須であることが知られていたが，植物ではその必須性は証明されていない．ただ，マメ科ゲンゲ属の仲間に，富セレン土壌の指標植物と知られている一群があり，Se を集積するばかりでなく，培地に Se を加えることで生育促進が見られることが報告されている．また細菌ではギ酸デヒドロゲナーゼには Mo も Se も必要であることも知られている．一方，Se を集積するある種のゲンゲ属植物を食した家畜はアルカリ病と呼ばれる Se 中毒にかかる．

バナジウム

バナジウム（V）はホヤの血球中に高濃度で含まれ，ホヤでの必須性はよく知られているが，植物での必須性は証明されていない．ただ，緑藻の一種 *Scenedesmus obliquus* ではモリブデンを含む培地では，V に生育効果を見いだしたという報告がある．

Tea Time

ケイ素とゲルマニウム

イネの根のケイ酸吸収能力は，他のイネ科植物であるオオムギ，コムギ，トウモロコシ，ソルガム，ライムギ，ライコムギよりもはるかに高いことが知られている．イネの電荷を持たないケイ酸吸収は，その吸収特性からトランスポーターを介して行なわれることが考えられていたが，その実体は不明であった．

このケイ酸トランスポーター遺伝子の単離を馬ら（Ma, *et al*., 2006）が 2006 年に報告している．これには，まずイネゲノム全塩基配列の 2004 年末の完全解読が大きく貢献した．イネはシロイヌナズナについで高等植物では 2 番目であり，モデル植物としてよりも作物としての重要性からも大きな貢献であった．次に，ケイ酸トランスポーター欠損突然変異体の単離の方法に酸化ゲルマニウム（GeO_2）を用いたことである．Si はすべての植物に必要な元素ではないため，シロイヌナズナのゲノム中になく，また珪藻以外の動物，酵母，微生物から同定できていない．また，珪藻のケイ酸トランスポーター遺伝子はイネゲノム中には見いだせなかった．

そこで，馬らは，周期表第 XVI 属の Si と同族元素であるゲルマニウム（Ge）を用いた．今までの植物栄養学の知見から，イネはケイ酸と酸化ゲルマニウムを区別できないため，水耕中の酸化ゲルマニウムを吸収する．しかし，Ge はイネにとって有害元素であり，葉や茎に褐色の斑点として病変が現れる．この病変を指標として，化学変異源を用いた突然変異体群から，ケイ酸トランスポーター欠損突然変異体（*lsi*）の単離を行なった．すなわち，*lsi* では Ge を吸収しないため，病変が出ない．この指標でケイ酸吸収の低い株をスクリーニングし，マップベースクローニングで LSI 遺伝子を同定した．また，LSI タンパク質が根の主根と側根にあり根毛にはないこと，また外皮と内皮に局在していた．このことは，ケイ酸がカスパリー線を通過できないため，吸収したケイ酸を道管にまで運ぶためと考えられた．

そして，2007 年に馬ら（Ma, *et al*., 2007）はイネの別の LSI 遺伝子（LSL 2）についても報告した．LSL 2 は上記の LSI 遺伝子（LSI 1）と類似性を持たず，LSI 1 が吸収した Si を道管まで運ぶ内向き輸送の役割なのに比べ，LSL 2 は Si の外向きの輸送体であること，すなわち 1 個の細胞の片側に内向き輸送体 LSI 1 を，もう片側に外向きの輸送体 LSI 2 を配置することにより，細胞を通過する効率のよい Si の輸送方式があることを明らかにした．

第 16 講

有機栄養

キーワード：エンドサイトーシス　クエン酸　スクロース　有機栄養液

19世紀の中ごろにリービッヒ（Liebig），ザックス（Sachs），クノップ（Knop）らにより確立された植物栄養学では，無機養分のみの水耕で生育が可能であることが示され，それに加えて空気中の二酸化炭素と十分な光エネルギーで植物は発芽から結実までの一生を完結することができることが明らかになった．このため現在の植物栄養学は無機栄養学が中心である．一方，第21講の細胞培養で述べる組織培養は，無菌条件では組織片から個体に再生可能であり，この場合には，無機養分のみならず，植物ホルモン，ビタミンに加えてエネルギー源としてスクロースを培地に加える．また植物個体でも無菌的に外からスクロースを与えた場合には対照に比べて生育が促進され，酸素欠乏に対する耐性が高まることが報告されている．本講ではいままでの無機の栄養とは異なり有機の栄養について述べる．

エンドサイトーシス

いままでに，無機イオンのみならず低分子の有機物なども根から細胞内に吸収されることが知られていた．ところが，生体内の物質の吸収経路として，細胞が細胞外の有機物を取り込む過程としてエンドサイトーシスも報告されている．まずヘモグロビンのような高分子タンパク質のみを窒素源として与えてもイネは正常に生育することが実験的に確かめられた．このイネの根がヘモグロビンをエンドサイトーシスにより，そのまま根内に取り込んで消化利用することが，電子顕微鏡で認められている．ヘモグロビンは土壌中には存在しないが，従来考えられていなかったエンドサイトーシスによる養分吸収機構が植物の根にあることを意味している．根の細胞によるヘモグロビンの取り込みを図16.1で模式的に示した．まず細胞膜に吸着され，

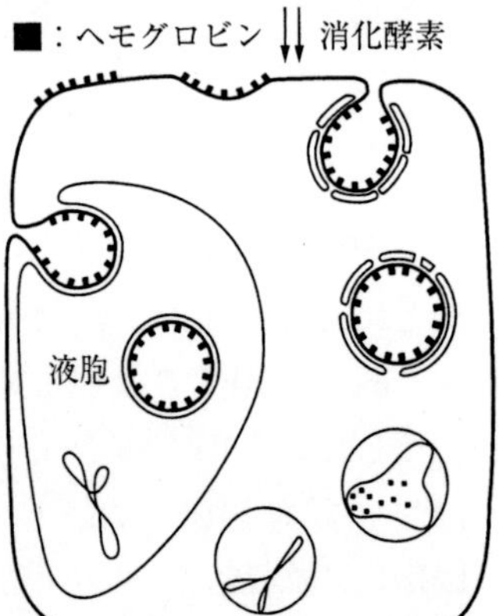

図 16.1　イネ根皮層細胞におけるエンドサイトーシス（渡辺，2005）

次に細胞膜のくびれ込みによって細胞内に取り込まれる．このとき，既存の液胞に取り込まれる場合や，まず小胞体などに取り囲まれ，そこからの酵素で消化されて新しく液胞が形成される場合が考えられる．後者の場合はヘテロファジー（異物貧食）という．

一方，自分の細胞内容物を消化するオートファジー（自己貧食）によっても液胞が形成されることも報告されている．エンドサイトーシスは内皮を含む皮層細胞に見られ，分裂がほぼ完了し初生師部師管の分化も完了した根の先端から基部約 1 mm 以上の部分から観察される．エンドサイトーシスによる原形質膜のくびれ込みは，細胞間隙に接した細胞壁側に多く見られる．またヘモグロビンも細胞壁を通過できることを放射性同位体でラベルしたヘモグロビンでも明らかにしている．またイネの根はウシ血清アルブミンも窒素源として利用することができ，呼吸による ATP 合成を妨害するとアルブミンの根への吸収が低下することから，この取り込みにはエネルギーを必要とする反応と考えられている．

一方，野菜の種類によっては分子量約 8,000 のタンパク質様窒素が根から直接吸収されることが報告されている．窒素量として硫安，ナタネ油かすを施用して野菜を栽培すると，ピーマン，リーフレタスは硫安を施用した方が窒素吸収量も多く生育もよいが，ニンジン，チンゲンサイ，ホウレンソウでは，土壌中の無機態窒素量が化学肥料より明らかに少ないナタネ油かすを施用した方が，窒素吸収量が多く生育がよい．この差から，ニンジンなどはタンパク質様窒素を吸収していると考えられる．有機物を施用した土壌を経時的にリン酸緩衝液で抽出すると，日数の経過とともに 1 つの物質に収束される．この物質は分子量約 8,000 のタンパク質様窒素であり，抗生物質処理などの結果から，細菌の細胞壁由来の物質と考えられている．また稲わらや米ぬかなどを施用したチンゲンサイ，ニンジンの道管液中に同様の物質が検出され，ピーマン，リーフレタスや無機元素で水耕栽培したチンゲンサイの道管液からはこの物質は検出されないことから，ニンジン，チンゲンサイなどはこの細菌の細胞壁由来のタンパク質様窒素を土壌から直接吸収していると思われる．

有機栽培

近年，化学肥料のみの栽培方法が見直され，有機農法や有機栽培も盛んになっているが，この場合の有機肥料として与えられる有機物はエネルギー源ではなく，あくまでも農産物の品質向上に観点が置かれている．しかも，有機質肥料が土壌中で分解される過程でアミノ酸類，ビタミン類，核酸類，植物ホルモン類などが生成することや，また，それらが直接植物に吸収されることは実験的には確かめられているが，これらの生成物の吸収と，前述の品質向上効果の直接的な関係を証明した例はほとんどない．むしろ，有機質肥料の効果は，その大半は，腐植による土壌の団粒形成などの間接的効果や可給態窒素など肥効の緩・遅効性効果である．植物栄養

図 16.2　低照度室内でのポトスの落葉における有機栄養液の抑制効果

に関するテキストでも，有機肥料や有機農法に関する部分は少ない．

クエン酸とスクロースによる落葉抑制

植物の落葉を抑える有機酸の効果が報告されている．その内容は，通常の無機成分にクエン酸とスクロースを加えた有機栄養液で，落葉を抑える効果は観葉植物では十分に発揮される．ハイビスカスの市販の鉢物では，第3講の Tea Time で示したように低照度の室内で通常の無機栄養液のみを与えた場合，約2か月余りですべて落葉，枯死する．一方，有機栄養液を与えたものでは，8か月後も6割が落葉せずに冬をこし，4月以降に野外に移したとき，約1か月半後に開花した．また，ポトスにおいても，低照度の屋内では，無機栄養液のみでは4か月後下の葉は多くが枯れるが（図16.2左），有機栄養液ではすべての葉がほとんど枯れていない（図16.2右）．

有機酸では，クエン酸のほかにコハク酸やリンゴ酸でも効果があり，トリカルボン酸回路でのエネルギー生成との関連が考えられる．また糖では，フルクトースやグルコースでもある程度の効果が認められ，解糖系からトリカルボン酸回路で代謝される可能性も示唆されるが，実験結果からはクエン酸とスクロースの組み合わせが最も効果が高い．スクロースは，エネルギーを運ぶ糖として植物には特に重要であり，その合成，分解や輸送機構は精巧に調節されている．カエデ類のシカモアの細胞懸濁液に，糖やアミノ酸を添加したとき，スクロースを特異的にエンドサイトーシスにより細胞の液胞に取り込むことが報告されており，ハイビスカスやポトスのスクロース取り込みの場合も受動吸収やスクローストランスポーターのほかにエンドサイトーシスの可能性も考えられる．

クエン酸による落葉を抑える効果は，実験の過程で偶然見いだされたもので，最初から効果を期待したものではなかった．初期の実験では酸性土壌に強い茶樹苗木を用いていたが，有機栄養分としてスクロースを加えたとき，むしろ落葉が促進される．当然のことながら，スクロースを土壌に与えれば，ピシウム菌などの植物に有害な病原菌が繁殖することになる．そこで，菌の繁殖を抑えるため，中酸性条件下でスクロースを与えた．そのときにクエン酸でpHを4.5に調整したが，対照としてスクロースを加えないクエン酸のみでも落葉防止効果が認められたことが，低照度下植物のための有機栄養補助液を生み出すきっかけとなった．このときのクエン酸濃度は0.3 mMであった．ただ，クエン酸は植物にとっては影響が大きく，10 mMの濃度ではどの植物でも逆に萎凋や落葉が促進され，施用するクエン酸の濃度には注意が必要である．

クエン酸は静菌力を持つ有機酸として知られており，pH 4～5の中酸性ではクエン酸の緩衝作用が高く土壌を静菌条件に保つことで落葉防止効果にプラスに作用していると考えられる．また，スクロースを加えることで，植物に耐酸性能が増すことも確かめられている．

Tea Time

ハーブや観葉植物のための有機栄養液

低照度の室内でハーブを育てる実験を行なっているとき，水道水だけ与えた場合，ある種のハーブは実験開始時に葉が長く倒れた状態を保ちつつ，少しずつ枯れていく部分が増えていくことがわかる（図16.3左上）．この後，少しずつ新しい葉が頂部から伸びてくる．一方，研究室で開発したハーブ用有機栄養液を2日に一度与えると，実験開始前には倒れた状態の葉が，開始後に急速に褐色となり，クロロフィルが分解して枯れていくが，一方，根元から新しい葉が急速に成長してくることがわかる（図16.3右上）．また同様な実験でもアサガオ苗は水道水だけでは1週間で枯れるが，アサガオ用有機栄養液では2週間後でも生き生きしている（図16.3左下）．この場合も水道水だけで育てた葉を観察すると，枯れる前に，葉のところどころでクロロシスをおこすことが観察された．これらのことは，他の植物でも観察され，下葉が枯れるとともに新しい葉が頂部から伸びてくる．与えた有機栄養液の成分も吸収されるが，いままでの葉の細胞の内容物が速やかにオートリシスをおこし，葉で分解された養分を根に送り，新しい葉のために使われると思われる．自然界での木本類の落葉や，多年草での秋の地上部の枯化では，次の春のために茎や根にその分解養分を貯えるが，この場合それが，同時におきるのであろう．

図 16. 3　ハーブ・チャイブとアサガオの有機栄養液施用効果

生存場所を移動できない植物の適応である．

都会では都市化が進み，緑の少ないことが大都市で働く人々の精神的ストレスになっており，住宅やビル内では観葉植物を配置して，少しでも緑がそこに暮らす人々にふれる工夫がされている．しかしこれらの屋内環境では光が乏しく落葉や萎凋をおこすため，観葉植物の鉢を頻繁に野外や温室に置いた鉢と交換している．今後は，低照度のようなストレス環境下における有機植物栄養学の応用面として，長期間室内に観葉植物を置くことが可能になるかも知れない．

第 17 講

有 害 元 素

キーワード：フィトキレーチン　重金属トランスポーター　メタロチオネイン

農業上，その過剰が問題になることがあるホウ素（B）やマンガン（Mn）などは第 11～15 講の必須元素の過剰障害で述べた．そのほかにアルミニウム（Al）は第 20 講の耐酸性，ナトリウム（Na）は第 21 講の耐塩性でふれる．それ以外の重金属で実際に過剰で有害な元素では，ニッケル（Ni），コバルト（Co），クロム（Cr），カドミウム（Cd），水銀（Hg）などを挙げることができる．これらの過剰障害は，おもに鉱山や工場からの廃液によって汚染された地帯で問題になるものであり，その発生域は限られている．ただし，Ni や Cr は，蛇紋岩中に高い含有率で含まれているため，この岩石を母材とした土壌でまれにそれらの過剰が問題になることがある．

表 17.1　各種作物の重金属過剰に対する耐性（山崎ら，1993）

作物種	Mn	Zn	Cu	Cr	Co	Ni	Cd	Hg
イネ	強	強	強	強	強	強	中	中
コムギ	強	強	強	強	－	－	強	中
オオムギ	中	－	－	強	強	強	－	－
エンバク	強	強	強	強	中	中	強	弱
トウモロコシ	強	強	中	中	強	強	強	－
ダイズ	中	弱	強	弱	弱	弱	弱	中
アズキ	中	－	中	弱	中	中	－	－
エンドウ	強	弱	強	中	強	強	弱	弱
ビート	強	中	中	中	弱	中	強	－
ダイコン	中	弱	－	中	中	弱	弱	強
ハクサイ	弱	－	弱	中	中	弱	中	中
キャベツ	弱	中	弱	中	中	中	－	－
バレイショ	弱	－	弱	－	強	強	－	－
トマト	弱	中	弱	弱	弱	弱	－	中
トウガラシ	強	中	弱	－	強	強	強	強
キュウリ	弱	－	－	中	弱	中	－	－
シュンギク	中	－	強	中	中	強	－	中
レタス	弱	弱	中	弱	弱	中	－	弱
タマネギ	強	－	－	弱	－	－	－	－
ニンジン	弱	－	中	－	強	中	－	－

作物の重金属耐性

表17.1に各種重金属の過剰に対する各種作物の耐性を示した．イネ科の作物は各種の重金属の過剰に対する耐性は強いが，作物の種類で幾分の違いがあり，神通川流域のイタイイタイ病で知られたCdへのイネの耐性は中程度である．一方，ダイズ，アズキ，ハクサイ，キャベツ，トマト，キュウリ，レタスは，重金属の過剰に対する耐性が中〜弱である．

各種重金属濃度が生育に及ぼす影響を調べると，過剰による生育阻害作用は，特にHg>Cu>Cd>Crの阻害作用が強い．一般に重金属は5 g/cm^{3}以上の金属で，上記のCdやCr，Cu，Hg，Niのほかにも砒素（As），鉛（Pb），セレン（Se）などを含む．植物は銅（Cu），鉄（Fe），亜鉛（Zn），ニッケル（Ni）を微量必須元素として，酵素，タンパク質の構成成分に必要とするが，他のCd，Cr，Hg，As，Pbが何らかの機能を持つとは考えられていない．異なる金属では，その影響の出方も異なるとはいえ，その違いより類似性のほうが大きい．

重金属を吸収する機構にはいくつかあるが，細胞外のFe^{3+}を鉄還元酵素によって還元したFe^{2+}を取り込む膜トランスポーターがある．これらのFe^{2+}トランスポーターのあるものは他の重金属も吸収する．たとえば，エンドウの根のIRT 1はFe^{2+}のみならず，Zn^{2+}やCd^{2+}も輸送する．しかしながら現在までの報告では，ほとんどの重金属トランスポーターはその金属に特異的であるとされている．

植物組織に蓄積された重金属はいくつかの理由で毒性を示す．まず，タンパク質のSH基と複合体を形成してその構造を変える．またSeがSに置き換わる例のようにある種の重金属は必須元素と置き換わるために欠乏症となる．また，銅のような金属は，フリーラジカルや活性酸素種を生成することで，酸化ストレスを作り出す．これらの毒性の相対的な重要性を評価することは困難である．なぜならAlがそうであるように，重金属による傷害は広い領域に及んでいるからである．

イタイイタイ病がカドミ鉱毒であることをつきとめた荻野昇医師

重金属耐性の能力は植物によりかなり異なる．鉱山近くでのイネ科雑草のヌカボに関する研究では，エール地方の尾鉱の土壌はかなりのレベルのCu，Zn，Pbを含んでいる．この場所に生育するヌカボはこの3種の重金属にのみ耐性があることが報告されている．しかも，Cuのみ20〜200 ppm含む土壌で生育させたものは，PbやZnの高濃度では枯死する．重金属耐性が大きければ大きいほど，生育はより遅くなる．それゆえ，この地のヌカボは，鉱山から離れたヌカボには競合できない．これらの報告では，1世紀より少ない期間である重金属に適応できる植物では，その耐性はその金属に特異的であるように思われ，耐性を獲得する生理的機構自体は植物の成長速度を遅らせるように思われる．

Cd や Hg は作物の生育阻害よりも，収穫部位の可食部位への集積，濃縮と，それを食べる人体や動物への影響が問題になる場合が多い．その典型的な例がイタイイタイ病であり，そのため，Cd は植物への影響が研究された重金属である．

Cd は根に多く集積するが，地上部にも運ばれ，300 ppm をこえると葉は Fe 欠乏のようなクロロシス症状を呈する．阻害剤を用いた研究からは，Cd の吸収はエネルギー依存性を示し，低濃度でも吸収されて体内ではほとんどがタンパク体と結合して存在する．イネでは比較的低吸収であり，これは根の細胞壁の CEC（陽イオン交換容量：第28講参照）が小さいためと考えられている．また植物では Cd の無毒化機構が備わっており，体内の重金属を有機酸やアミノ酸類と結合させて無毒化する場合と，メタロチオネイン様物質が Cd で誘導されて無毒化される場合が知られ，後者が以下のフィトキレーチンであることがわかっている．なお，シダのヘビノネコザは Cd を高濃度に蓄積するが生育に影響がないことでも知られている．

耐性植物は多くの毒性物質のように，重金属も細胞質から離すために液胞にためる傾向がある．また耐性植物は，2つのタイプのシステインを多く含むタンパク

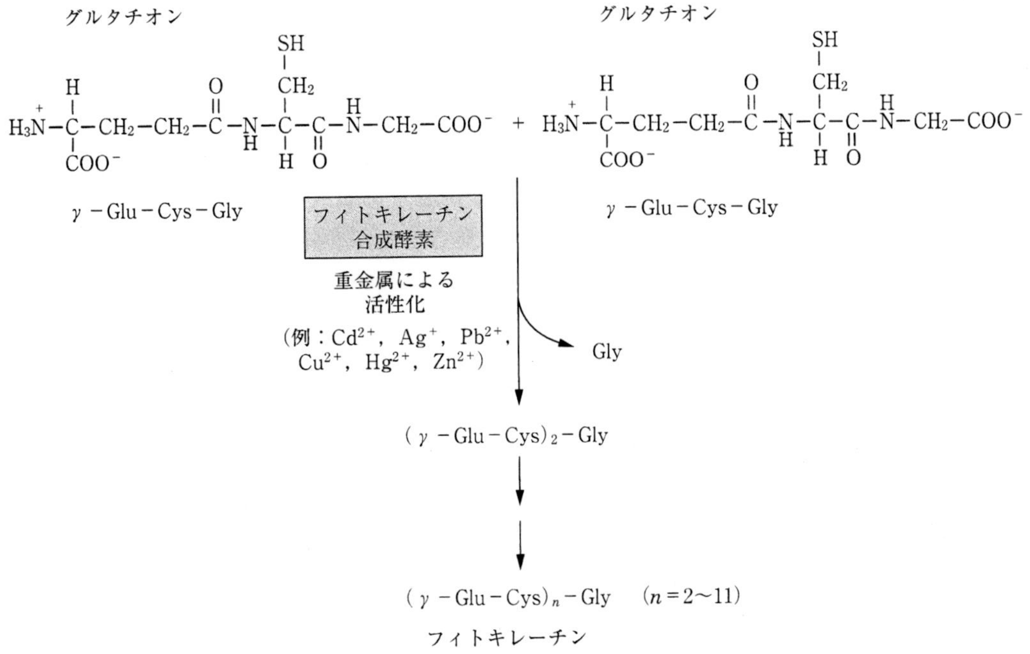

図 17.1 フィトキレーチン合成経路（Heldt, 2005）

質，フィトキレーチンとメタロチオネインで細胞質の金属とキレート結合して無毒化する．重金属にさらされた植物は速やかにフィトキレーチンを誘導する（図17.1）．

この物質はアミノ酸配列が（γ-Glu-Cys)$_n$-Gly の構造で $n=2$〜11 である．Cd に対する無毒化にフィトキレーチンが関与することは明白である．シロイヌナズナのフィトキレーチンを蓄積できない突然変異体では，野生型に比べて Cd に感受性が高い．またシロイヌナズナのフィトキレーチン合成系の遺伝子を組み込んだ酵母では重金属耐性が高くなる．興味深いことに，シロイヌナズナでの Cd の根からシュートへの長距離輸送にはフィトキレーチンが関与しているという報告がある．システインを 30% 含む低分子タンパク質であるメタロチオネインも Cu の無毒化に同様な役割を持つと考えられる．シロイヌナズナでは，Cu に対する耐性の違いのあるエコタイプではメタロチオネインの遺伝子発現の違いを反映している．またシロイヌナズナからのこの遺伝子で形質転換させた酵母には銅耐性が付与できる．

ケイ素も重金属毒性への植物の防御機能を示すが，金属イオンストレスや他の無生物ストレスに関する研究ではケイ素はほとんどふれられない．

重金属を非常に蓄積する植物を，重金属で汚染された土壌の改善や，植物鉱山という名前をつけて有用金属の回収に役立てることも提案されているが，実際には土壌改善にはまだつながっていない．

Tea Time

ヘビーメタルトランスポーター

植物は重金属である Cu，Zn，Mn，Fe，Ni，Co は微量ながら必要ではあるが，Cd，Pb，Hg，そして重金属ではないが Al はある濃度以上では毒性を示す．ある種の植物はこれらの金属を土壌から吸収してかなりの量を貯める能力を持っている．これらの能力は重金属で汚染された土壌からそれらを除去できるという，いわゆるファイトリメディエーション（植物による土壌改善）の期待から重金属トランスポーターの研究が進んでいる．これらは，CP_x タイプ ATP アーゼ，Nramp，カチオン拡散促進因子，そして ZIP の 4 群に分けられる．人の慢性病であるメンケ症やウイルソン症は CP_x タイプ ATP アーゼの ATP 7 A と ATP 7 B 欠損からきており，これらは Cu^{2+} トランスポーターと共同で機能するものであり，ATP 7 A とのホモログであるシロイヌナズナの RAN 1 遺伝子は，酵母の Cu 輸送変異株の機能を回復させる．

Nramp ファミリーのトランスポーターは最初，二価カチオンに関するものとして哺乳動物のマクロファージから同定され，シロイヌナズナでは少なくとも 6 個，イネでは 3 個のホモログが見出された．シロイヌナズナの Nramp タンパクの酵母での発現ではCd^{2+}感受性となりCd^{2+}を蓄積した．またZn^{2+}のNramp 3とNramp 4は酵母のFe^{2+}変異株の機能を回復させる．シロイヌナズナをFe欠乏にするとNramp 3とNramp 4のmRNA量が増加し，Nramp 3を過大発現させるとCd^{2+}感受性となりFe^{2+}を蓄積する．

カチオン拡散促進因子（CDFs）は原核，真核の両方ともZn^{2+}，Cd^{2+}，Co^{2+}のトランスポーターであり，もっとも研究が進んでいる哺乳動物のZNT 1.1，1.2，1.3，1.4はZn^{2+}の流出にかかわっている．シロイヌナズナではこれらのトランスポーターと40％のホモログを持つ2つの遺伝子が見いだされている．

ZIPファミリーはZnとFeにかかわるタンパク質で，最初にシロイヌナズナのFe欠変異株から同定された．シロイヌナズナでは少なくとも11種あり，その中のIRT 1は鉄欠乏で誘導され，酵母に導入した場合は，Fe^{2+}，Mn^{2+}，Zn^{2+}，Cd^{2+}の吸収を促進する．また他のZIP 1，ZIP 2，ZIP 3はZn^{2+}トランスポーターを欠損した酵母に導入した場合にZn^{2+}吸収能が回復する．この欠損した酵母を用いて，この遺伝子ファミリーの別のZn^{2+}トランスポーター，ZNT 1をZn^{2+}を集積する植物*Thlaspi caerulescense*とその同属で集積しない*T. arvense*から単離しているが，この遺伝子はシロイヌナズナのZIPと88％のアミノ酸相同性を持っていた．ZNT 1は*T. caerulescense*では根と葉で高い発現レベルにあるが，*T. arvense*ではそうでないため，この遺伝子がZn^{2+}の集積にかかわることが明らかになっている．

1967年に行なわれたFe^{2+}の輸送にかかわる2種のダイズの品種での研究により，現在ではNrampやZIPなどの多くのタンパク質がかかわっていることが示されている（Epstein and Bloom, 2005）．

第 18 講

菌　　根

キーワード：外生菌根菌　内生菌根菌　VA 菌根　リン酸吸収

糸状菌が，植物の根に付着，または組織内に入り込んで植物との共生生活をいとなむときに，これを菌根という．ほとんどの植物の根は菌根菌との共生関係を有している．双子葉の 83%，単子葉の 79%，裸子植物にいたってはすべてがそうである．しかし一方では，キャベツなどのアブラナ科，ホウレンソウなどのアカザ科，マカダミアナッツなどのヤマモガシ科ではほとんどまれである．通常は乾燥土壌や塩性土壌，そして湿地に生息する植物の根では菌根はいない．また極端に富栄養や貧栄養な土壌でも同じことがいえる．しかし，潮が入り込む沼地に生息する好塩性植物の根でも菌根は報告されている．水耕で栽培した成長の速い作物の若い根にも菌根は見当たらないし，菌根菌のつく根にはいつもついているわけではなく，まわりの状況で変化する．

菌根は，細い菌糸からなり，地下部では菌糸のかたまりである菌糸体となる．菌根は 2 種類に分類され，ひとつは外生菌根，もうひとつは内生菌根である．内生菌根の中には，特別な菌根としてツツジ型菌根とラン型菌根が知られている．

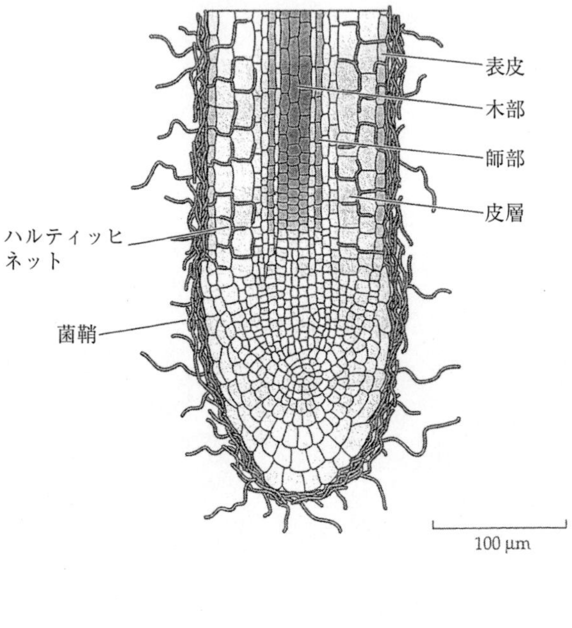

図 18.1　外生菌根菌に感染した根
(Epstein and Bloom, 2005)

外生菌根菌

外生菌根菌は，裸子植物も含めて木本類に感染する．そして根を厚い菌鞘，外套のような菌子体で包み込み，一部は柔細胞の間に入り込む（図 18.1）．

感染した菌糸は根の周りに厚い菌鞘を形成するとともに，皮層の細胞間隙に侵入する．菌糸は柔細胞の中には入り込まず，ハルティッヒネットと呼ばれる網状のような形で菌子が柔細胞を囲む形になる．しばしば，菌子体の重量は，根それ自体に匹敵するほどになる．菌子体の菌糸はまた菌鞘から土壌中に伸びて広がり，子実体をつくることもある．根の周辺は無機養分が欠乏しやすいが，根の周辺からさらに広がった根より細い菌糸から養分，特にリン酸を吸収して根に運ぶため，根の養分吸収能は高まる．また植物をおおうことによって病原性の菌類や細菌の感染から植物を守っている．

外生菌根菌の研究は日本では古く，今世紀にははじまっていたが，それはマツタケなどに限定されていた．

宿主との関係では，外生菌根菌は木本植物と共生する単子菌類，子のう菌類などである．全種子植物の約 3% が外生菌根菌と菌根を形成すると考えられるが，VA 菌根に比べるとその植物種は少ない．しかし，裸子植物では，マツ科，ヒノキ科，被子植物では，ブナ科，ニレ科，フタバガキ科，カバノキ科，カエデ科，ヤナギ科，バラ科，シナノキ科など森林生態系で優占する種の主要樹種が外生菌根を形成する．外生菌根の宿主特異性は高いものから低いものまで様々であり，今後は植物の種多様性と菌根共生との関係が注目される．

Tea Time

根の表面に捕食者を飼うストローブマツ

外生菌根菌の一種にオオキツネタケという菌類があり，ストローブマツの根に生息する．ストローブマツの林床にはトビムシが棲息しているが，このトビムシは，菌根菌や分解者や植物にとっての病原性の菌類を食べている．しかし，このトビムシとオオキツネタケを一緒に飼育すると，2 週間後にはほとんどのトビムシが死んでしまった．他のきのこと飼育した場合にはほとんどが生存していた．詳しく観察すると，オオキツネタケと一緒に飼育したトビムシはすぐに死んでしまうのでなく，麻痺していて動かなくなっていた．そしてこのように動かなくなったトビムシにオオキツネタケの菌糸が伸びていた．どうやら，オオキツネタケはトビムシを麻痺させ，捕食しているらしい．外生菌根菌はその菌糸から栄養を吸収して植物体に与えることが知られているので，安定同位体で標識した窒素（^{15}N）を含む餌で育てたトビムシやその死骸を，種々の外生菌根菌のついたストローブマツと一緒に置いた．すると，オオキツネタケ以外の外生菌根菌のついたストローブマツや外生菌根菌のついていないストローブマツの葉からは，トビムシを置かなかったときと同様に，^{15}N がほとんど検出されなかった．しかし，オオキツネタケのついたストローブマツの場合には，生きているものを置いたときも死がいを置いたときも，約2か月間 ^{15}N がストローブマツの葉から検出された．つまり，トビムシの ^{15}N がオオキツネタケを経て，ストローブマツの栄養源になったことがわかった．このように，ストローブマツはトビムシの捕食者と共生していた（Klironomas and Hart, 2001）．

内生菌根菌

内生菌根には，VA 菌根，ツツジ型菌根，ラン型菌根があるが，肉眼では通常の非感染根と区別できず，適当な染色と顕微鏡観察ではじめて観察される．のう状体（vesicular），樹状体（arbuscular）をつくる菌根は，VA 菌根と呼ばれ，草本類，特にほとんどの作物を含むイネ科に感染する．またのう状体をつくらない内生菌根

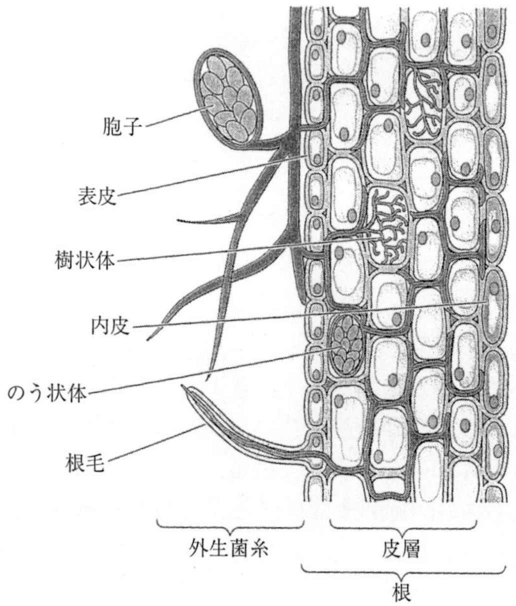

図 18. 2　VA 菌根菌と植物根との共生 (Mauseth, 1998)

菌も見られることから，これらの内生菌根をまとめてアーバスキュラー菌根と呼ぶ場合もある．VA 菌根菌は，接合菌類（Glomales）目に属し，7 属 130 種ほどが報告されている．VA 菌根菌は，菌鞘のような外套をつくらずに，菌糸は根の周辺に広がるとともに根の中にも入り込む（図 18.2）．

菌糸は皮層の細胞間隙に入り込み，皮層柔細胞にも侵入する．細胞に入る場合も宿主の原形質膜や液胞を破壊することはない．そのかわりに，菌糸はこれらの膜に囲まれた，樹状体と呼ばれる構造をとり，宿主の植物と糸状菌の間での養分イオンの交換を行なう．

菌糸は根毛近くの表皮細胞から根に入り込み，柔細胞間のみならず，細胞の中に入り込む．細胞内には，卵状ののう状体や，枝分かれした樹状体を形成する．このことが VA 菌根菌と呼ばれる所以である．樹状体は宿主である植物と糸状菌との養分輸送にかかわるようにも見える．

菌子体は根の周辺数センチにまで広がり，そこでは胞子も形成される．外生菌根菌とは異なり，VA 菌根の菌子体は根の重量の 10% をこえることはない．胞子は 50〜500 μm の大型で実体顕微鏡で形態別に分別し接種可能であるが，現在まで菌単独の培養には成功していないため，植物のポット栽培による継体培養が必要となる．また VA 菌根は宿主特異性がほとんどなく，多様な植物に感染する．このため，一種類の VA 菌根菌が複数の植物に感染し，1 つの植物から他の植物へ VA 菌根を経由して物質移動することがありうる．実際に，異種植物間を菌糸がつなぐことで植物群落の多様性が高まる現象が報告されている．分子進化系統学での研究では Glomales 目が類縁の菌類から分かれたのは，植物が陸上に出現する約 4 億年前に相当し，このときから VA 菌根菌と植物の共生関係がはじまったと考えられる．

ツツジ型菌根では，ツツジ目という大きな植物群に見られるもので，VA 菌根や外生菌根とは異なる特殊な菌根を形成する．これら植物は細かい根を持つが，この根の内皮細胞にコイル状に菌糸は入り込む．ツツジ科のヒースと呼ばれる常緑低木は酸性の泥炭質土壌に生息するが，このような栄養環境の悪いところで生育できるのは，菌根との共生関係があるからである．

ラン型菌根もラン科植物の根の皮層細胞にコイル状に菌糸は入り込む．ラン科植物の種子は未分化の胚からなり，非常に小さい．発芽の際には胚が分裂肥大するプロトコーム期があり，この時期の菌根菌の感染はその後の生育に不可欠である．

菌根による養分吸収

VA 菌根菌と植物根との共生は，まずリン酸，そして亜鉛や銅，鉄のような土壌中で移動しにくい微量元素の吸収を容易にしていることである．根のすぐまわりにはリン酸はほとんどなく，その外に広がる菌子体により根のリン酸吸収は改善される．試算では，菌根菌との共生により，4倍以上にリン酸が促進されるとの報告もある．また外生菌根菌は土壌への有機物施用で増殖し，その中の有機リン酸を加水分解して根への供給を容易にしている．

菌根菌に吸収された無機養分を植物の根に運ぶ仕組みに関しては，ほとんど何もわかっていない．外生菌根では，無機リン酸はハルティッヒネットの菌糸から単なる拡散で根の柔細胞に吸収されると思われる．一方VA菌根菌ではもう少し複雑で，無傷の樹状体から根の柔細胞への拡散もありうるが，樹状体は分解と新生を繰り返しているため，樹状体分解物が宿主根細胞に取り込まれることも考えられる．

植物根と菌根菌との共生の範囲を決めるポイントは宿主細胞の栄養状態にある．リン酸のような養分のある程度の不足状態では，菌根菌の感染は促進されるが，一方植物の栄養状態がよい場合には感染は抑制される．よく肥えた土壌では糸状菌は植物に対して共生から寄生に移行すると思われる．そこでは，菌は植物から炭水化物を得ることができるが，植物ではもはや養分吸収には何の利益もないからである．そのような状態では，植物は菌根菌を病原菌と認識し，根の組織から菌を隔離するような抗菌物質を分泌するような対抗手段をとるのであろう．

Tea Time

超能力をもった根の内生菌

作物の収量が低下する原因は，植物にとって適さない気候の変化などによる非生物的なものと，植物の病気や害虫などによる生物的なものがある．非生物的なストレスに対する耐性はVA菌根菌によってもたらされることが知られており，この菌根菌植物とは共生関係にある．しかし，菌根菌は根の病気を引き起こす病原体に対する耐性を植物に与えるが，葉の病気の病原体に対しては機能しないことが多い．一方，生物的なストレスに対する耐性は *ascomycete* と呼ばれる内生菌によってもたらされることがよく知られている．この *ascomycete* は植物の上部に感染し，細胞と細胞の隙間で成長する．そして，抗菌性あるいは殺虫性のアルカロイドを分泌して，植物を生物的なストレスから守っている．最近，植物を非生物的なストレスからも生物的なストレスからも守るような根の内生菌が見つかった．インドの砂漠で見つかった *Piriformospora indica* という内生菌は，いろいろな植物の根に感染して，植物の生長を促進する．VA菌根菌とは異なり，この内生菌は双子葉植物との相互作用において，硝酸の還元を促進する．この内生菌のすばらしい能力は単子葉植物であるオオムギを用いた実験から明らかにされた．

この内生菌は根毛に感染し根の皮質の細胞内で成長する．しかし，菌糸は根の内皮や茎や葉には至らない．まず，内生菌を感染させたときの収量について調べた．オオムギの品種によって程度の差はあるものの，内生菌を感染させたものの収量は，感染させなかったものよりも多かった．さらに，栽培している土壌中の塩濃度を上げたとき，塩濃度の上昇によって葉のクロロシスがおこるが，内生菌に感染されたものではこの程度が小さかった．このように，オオムギは内生菌によって非生物的なストレスに対する耐性を獲得した．次に根に感染する病原性の菌類に対する内生菌の影響を調べた．内生菌が感染したものでは病原性の菌類に対する耐性が見られた．病原性の菌類はオオムギに酸化ストレスを与えてオオムギの細胞を殺すことが知られているので，抗酸化剤であるビタミンCの量を測定したところ，内生菌が感染したものではビタミンCの量が多かった．また，葉に感染する病原性の菌類に対する内生菌の影響も調べた．この場合も，内生菌が感染したオオムギは病原性の菌類に対して抵抗性を示した．内生菌は根のみに感染するので，内生菌の感染によってオオムギ全体が耐性を獲得していると考えられる．抗酸化剤であるグルタチオンの量を調べると，内生菌の感染したものの方が多かった．このように，内生菌の感染が抗酸化剤の蓄積を引き起こし，その結果，病原性の菌類に対する耐性を獲得したと考えられる．以上のように，植物に収量の増加，耐塩性，抗菌性をもたらす内生菌はすばらしい能力を持っている（Waller, *et al.*, 2005）．

第19講

耐　塩　性

キーワード：ナトリウム　カルシウム　グリシンベタイン　塩類腺　のう状毛

塩性土壌は高温で降水量が少ない地域や海水の影響を受けた地域に分布し，NaCl，Na_2O_4，$MgCl_2$，$CaCl_2$ などが集積している地域は，世界でほぼ10億haと見られている．陸地全体では130億haとすると約8％の地域が塩によるなんらかの影響を受けている．塩性問題は蒸散量が降水量を上回る地域ではいつでもおきる．また人による灌漑が塩性化に関係している．灌漑水は塩分を含んでおり，加えて不十分な排水が土壌への塩類の蓄積を引きおこしている．世界でほぼ2億6,300万haが灌漑され，その多くは塩性土壌になる可能性がある．また耕作可能な地域を13億4,000万haと見積もると，灌漑された面積は20％近くになる．灌漑された地域の多くはアジアであり，その地域では塩性化に直面している．

塩類の生理

植物の塩類に関する観点は以下のようになる．

1)　水移動は，常に水ポテンシャルの高いほうから低いほうに向かう．
2)　どのような溶質も水ポテンシャルを下げる．
3)　細胞質が機能するには，100 mM程度のカリウム（K）が必要である．
4)　細胞質のカルシウム（Ca）とナトリウム（Na）の濃度はマイクロモル（μM）レベルの範囲で低く抑えなければならない．特に光合成器官は低くしなければならない．
5)　細胞の原形質膜外側のCa濃度は，ミリモル（mM）またはサブミリモル（sub-mM）レベルの範囲になければならない．そうでないと，選択的イオン輸送能がうまく働かない．

カリウムとカルシウムの役割

上記の2）はいうに及ばず，3）は実際に多くのデータがあり，その理由としては，Kは，①実際にも低い水ポテンシャルのための主要な溶質であること，②タンパク質，核酸，有機酸のカチオンバランスであること，③Naや他のカチオンでは十分機能しない多くの酵素の活性化剤であること，が挙げられる．4）のNaに関しては，酵素の活性化やタンパク質の構造維持においてKの一部代替機能を持っているが，別の面では代替不能でむしろその機能を損なう．またCaは高い濃度では以下の2点で問題である．①リン酸を不溶化してエネルギー代謝を乱す，②Caがシグナルとして果たす役割から見ると，Ca濃度の大きな変動は細胞の代謝に不可欠で，それができないと複雑なホメオスタシスを損なう．5）外界の溶液にCaがないと，たとえNa濃度が比較的低くても，Kの選択的吸収はすぐにもダウンする．Ca濃度を数mM上げるだけで，たとえ塩に弱いダイズでさえも耐塩性が大幅にアップする．

塩性環境への様々な応答

上記の原理を踏まえ，表19.1のスキームで塩に対する植物の対応を考えることができる．

表19.1 植物の塩性環境への主要応答の概略（Epstein and Bloom, 2005）

ステップ1	ステップ2	ステップ3
溶媒の塩濃度上昇（1）→水ポテンシャルの低下（2）→植物のストレス認知（3）→塩分吸収（4）となるが，次に，塩分吸収大（5）の場合と，塩分吸収小（6）の2種類の対応に分かれる	塩分吸収大の場合（5）では，内部塩濃度の上昇（7）がおきる	塩耐性（8）では膨圧上昇での浸透圧調整（9）がおきる
		塩非耐性（10）では細胞内部のダメージがおきる
	塩分吸収小の場合（6）	K^+/Na^+の区別や有機溶質の合成の多い（11）場合は，膨圧上昇での浸透圧調整（9）となる
		K^+/Na^+の区別や有機溶質の合成の少ない（12）場合は，Na毒性や溶質濃度小による膨圧低下（13）がおきる

表19.1（4）の塩分吸収においては，浸透圧調整のためには経済的にも外部の塩であるNaClを取り込むことが多い．（5）の塩分吸収量大は，塩吸収型耐塩性植物のみならず，オオムギのような比較的耐塩性を有する非耐塩性植物でもおきる．これが進化の過程で獲得した理由には以下の理由が考えられる．まず塩が周囲の溶媒に多くあり，取り込みがたやすい．次にこれらのイオンを地上部に運ぶ長距離輸送に蒸散を利用することは，代謝の面で有利である．また浸透調整物質としての無機イオンの利用は，有機物合成に比べて経済的に優れている．そして塩溶液に接している根での無機イオンの利用は，有機物を地上部でつくり，根まで運ぶよりエネルギー的に優れている．

有機浸透調整物質

内部の塩濃度上昇は，細胞質を高塩濃度にさらす危険を伴う．しかし，細胞壁と液胞はたしかに高塩濃度になっているが，細胞質はK濃度と有機浸透調整物質の合成によって，高塩濃度と同等の浸透圧でバランスをとることができる．有機浸透調整物質としてはグリシンベタインがおもに用いられるが，ほかにもプロリンベタインなど多くの有機浸透調整物質が知られている．またリンゴ酸などの有機酸やソルビトールなどの糖を蓄積する植物もある．これらの有機物質は経済的には高くつくが，細胞容積に占める細胞質の割合は少ない．

非耐塩性植物の耐塩性

塩耐性に関する表19.1の塩分吸収に関しては幾分曖昧で，根における吸収か，それとも根からシュート（根に対する地上部）への輸送も含むのかということが明瞭でない．それは塩排除タイプと塩許容タイプに関してもそうで，根に入るのを排除しているのか，それとも根には吸収されるがそれを根に保持しており，塩がシュートに入るのを排除しているのかという曖昧さが残る．

作物を含むほとんどの非耐塩性植物は，塩排除タイプであり，ある種の耐塩性植物にもそれが当てはまる．そのタイプのほとんどの根はNaの吸収を制限しており，また特に吸収されたNaのシュートへの移動も行なわない．特に光合成器官へのNaの侵入を防ぐ傾向にある．この塩吸収防御においては，溶液中のCaの存在は重要である．たとえば塩感受性であるソラマメの実験において，海水のほぼ1/10の50 mM NaCl濃度では生育できるが，同じ濃度でCaが含まれない場合，Naの多くは葉に侵入する．Ca濃度を上げていくと，葉のNa濃度は劇的に減少し，3 mMから10 mMのCa濃度では，Caのない場合の6.3%しか入らない．このNa排除プロセスは持続的であり，6週間後でも全体のNaに対する根の割合は65.8%，茎では27.8%だが，葉では6.6%に過ぎない．Naの全体量は植物の成長にしたがって比例的に増加する．すなわち成長とNa含量は関連しており，組織中のNa濃度は変わらない．そして植物が成熟期になれば，もう塩にさらされても損なわれることはない．イネにおいても塩排除は根への吸収とシュートへの移動の両方で行なわれる．この現象は他の植物でも報告されている．

このようなNaの連続的減少はどのようにしてなされるのかといえば，塩溶液は蒸散流で上昇するときに，道管に隣接する細胞が道管液中のNaを吸収することで，葉への侵入を防ぐ方法がある．しかし，表19.1の（6）塩分吸収小の，（13）Na毒性や溶質濃度小による膨圧低下では，この機構がうまく機能していないようにも思われる．

いくつかの耐塩性タイプ

表19.1の（10）のように塩耐性でない場合，高塩濃度でダメージを受けて枯死する．一方（9）のような場合には，成熟した細胞の大部分が液胞のため，このタイプの耐塩性植物にはトノプラストにNaを効率よく輸送する機構がある．そして

(6) 塩分吸収小の場合は，塩を排除しようとする．多くの作物はこのカテゴリーに入るが，ある種の耐塩性植物にもこの塩排除タイプがある．このタイプの植物が高塩環境下で生育するには，塩許容タイプよりもさらに次の2つのカテゴリーに強く依存する．すなわち，①KとNaを厳密に区別して，後者を排除しうること，もうひとつは②塩許容タイプよりさらに有機浸透調整物質を合成しうることである．これらの機能のうち1つが損なわれてもダメージを受けることになる．多くの耐塩性植物に限らず，塩耐性作物などもそれほど厳しい塩性環境でない場合は，程度の差こそあれ，この機構が働く．また表19.1には含まれないが，乾生植物と同様に，ある種の耐塩性植物には水分を多く含む多肉植物があり，葉の塩濃度を低く維持することで砂漠のような乾燥環境に適応している．

耐塩性植物の特殊な耐性機構

最後に，耐塩性植物には非耐塩性植物には見られない耐性機構が関与している．それは葉の表皮にあるのう状毛や塩類腺である（図19.1）．

のう状毛は毛茸細胞の変形した組織でのう状細胞と柄細胞からなり，のう状細胞に塩を集積させてのち，脱落させて塩を排出させるもので，*Atriplex* 属の多くの種で見られる．一方塩類腺は，2個の細胞からなり，内層の細胞が周辺から塩を集積し，これを表層の細胞へ移行させてから，表層の細胞が塩を外部に排出するもので，2つの科，イソマツ科と *Frankeniaceae* といくつかの属，たとえば *Avicennia*，*Aegialitis*，*Spartina*，*Tamarix* にある．それらの植物の葉は塩の結晶であるピカピカした粉でおおわれている．塩類腺は密で，たとえばマングローブの *Aegialitis annulata* の葉の表側面では1 cm^{2}当たり900にも達する．

塩類腺の構造は種によって異なっている．葉の表面にあるそれらは2個以上の細

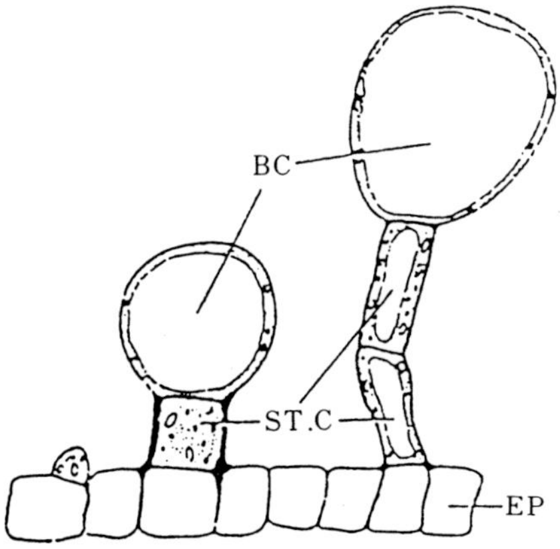

図 19.1a　のう状毛の模式図（山崎ら，1993）
BC：のう状細胞（bladder cell），ST.C：柄細胞（stalk cell），EP：表皮細胞（epidermal cell）．

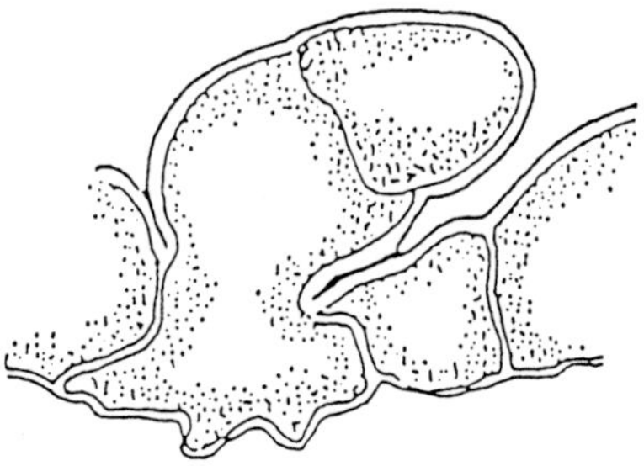

図 19.1b　イネ科植物 *Tetrapogon mossambicenses* の塩類腺（山崎ら，1993）

胞からなり，いくつかの段階を経て分泌される．まず葉から塩類腺への塩の吸収，いくつかの腺細胞中の移動，そして最後に外に分泌されるが，この分泌はイオン選択的で積極的に Na と Cl のみを排出する．この分泌自身も能動輸送である．そのような腺を備えていたとしても，塩の流出入の収支からみると，海水で育つ *Aegialitis annulata* のような耐塩性木本類でさえも，根からの入ろうとする塩類の排除が主であり，流入する水量から計算すると塩類の 80% は排除されている．

ほかに高塩環境で生育する場合の形態変化としては，①葉面積当たりの気孔数の減少，②葉表面のワックスの集積，③根の内皮細胞のスベリン化促進などがあり，いずれも水吸収と蒸散抑制に働くと考えられる．

マングローブの塩類吸収

マングローブではある程度の吸収された塩類は葉に運ばれる．それゆえ葉組織それ自身は Na と K を区別する能力がある．マングローブの *Aegialitis annulata* の葉組織を用いた実験において，実際に海水の濃度に近い 10 mM の K と Ca の溶液にさらしたとき，NaCl 濃度がほぼ海水に近い 500 mM までならば，K の吸収が妨げられることはなく，むしろ促進されることさえある．

マングローブの塩類吸収に関するデータからは重要なポイントが示唆されており，塩排除タイプと塩許容タイプの二分法で分けることが現実的でない．すなわちすべての植物は塩類にさらされた場合，表 19.1 の（5）塩分吸収大の場合と（6）塩分吸収小の場合の機能がある程度は両方働いている．塩吸収に関していえば，（5）と（6）の両極の連続したものである．

今後の耐塩性研究

表 19.1 での議論からの塩耐性に関する結論は，多段階プロセスの存在を明瞭に示したことで，すなわち塩耐性は多重遺伝子特性を持つ．ある例で示すと，コムギ

に類縁のある塩耐性種 *Lophopyrum elongatum*（背高小麦）の 7 個の染色体をコムギ *Triticum aestivum* に導入した場合，すべての染色体でも，どの 1 本でも土壌が塩類を含む野外実験で耐塩性が向上した．どの染色体 1 個も同じ効果を示したわけでなく，ある組合わせで，Na 排除と K/Na の高比率の寄与が最も効果的であった．

塩耐性に関する品種改良のデータが増加しており，また分子生物学的手法は塩耐性の遺伝子組換え作物の可能性も増大してきている．いままでに述べた塩耐性にかかわる遺伝的な機構の導入により，植物は積極的に塩を吸収できるようになる．しかし，そのような植物の葉は食物としては好ましくないほど塩を含む．われわれは今後むしろ耐塩性の穀類や果実を作成するにあたり，同化産物をシンクに送る師管の中の塩類を取り除くような方法を目指すほうがよいように思われる．

またシロイヌナズナから Na^+-H^+ アンチポーター NHX 1 が単離され，細胞質に流入してくる Na^+ を液胞に持ち込む働きをする．アミノ酸配列や機能は酵母，イネ，ヒトのものと似ており，塩性環境で NHX 1 転写産物が何倍にも増加することが報告されており，今後の耐塩性研究に有用と思われる．

Tea Time

湿生植物と塩生植物

ヨシ，スゲ，ガマ，イグサそしてイネなどは湿潤な環境に生育するため湿生植物の仲間である．水田は水不足の心配もなく養分も十分であるが，根に酸素が供給されにくい環境といえる．根は呼吸のために酸素が必要で，この問題を解決するため，根に通気組織の発達が見られる．同じイネ科の畑作物と比べると，イネの根は大きな細胞間隙が発達している．この間隙があるために，地上部から水中の根に酸素を送ることができる．また同じ種類のイネでも畑地で生育させた場合は根の細胞間隙の発達が劣るが，その畑地を灌水させると間隙が速やかに発達する．また，イネは水の中に落ちても発芽し，水の溶存酸素をゼロにするような薬剤を水に加えても発芽する．この場合は子葉鞘が水中から大気中に抜け出すまで急速に伸長し，その間は解糖系からエネルギーを得ている．イネのほかにもハスやガマなどの沼に育つ植物も根に通気組織を持っている．レンコンの穴はこの通気孔である．熱帯，亜熱帯の潮間帯に自生するマングローブ植物は強い耐塩性とともに耐湿性も備えており，通気組織の発達した呼吸根を水中から空中に突き出す直立根になっている．他のマングローブでは支柱根や屈曲膝根，そして高い枝から垂れる懸垂根などで空気を根に送り込んでいる．マングローブとは特定の属や植物種から構成されるわけではなく，その種類は 19 科 40 属にわたり多種多様な植物からなる．

第 20 講

耐　酸　性

キーワード：細胞質の酸性化　アルミニウム耐性　有機酸　根の伸長阻害

酸性土壌に対する植物の耐性度を耐酸性と呼ぶ．耐酸性は，狭義では低 pH すなわち高プロトン濃度それ自体による耐性であり，障害は細胞質の酸性化が原因でおこる代謝異常である．一方，広義では酸性土壌中で可溶化してくる有害イオンの作用や，必要なミネラルの不足なども含まれる．耐酸性は種によって大きく異なり，各種作物の耐酸性の例を表 20.1 に示した．

表 20.1　各種作物の耐酸性（山崎ら，1993）

強	強～中	中	中～弱	弱
イネ，エンバク，ライムギ，ソバ，パイナップル，チャ，クランベリー，オーチャードグラス，トールフェスク，イタリアンライグラス，トールオートグラス，バードフットトレフォイル，ハギ，バーミューダグラス，モラッセスグラス，マイルズロトノニス，スタイロ	コムギ，トウモロコシ，ヒエ，キビ，ダイコン，ルタバガ，ウィーピングラブグラス，バヒアグラス，ネピアグラス，セントロ	ダイズ，インゲン，ソラマメ，ハクサイ，シソ，メドウフェスク，リードカナリー，アルサイククローバ，シロクローバ，ラジノクローバ，パンゴラグラス，カラードギニアグラス，ギニアグラス，ダリスグラス，グリーンリーフデスモディム，クズ	タマネギ，アスパラガス，エンドウ，キャベツ，カラシナ，コマツナ，トマト，ニンジン，シュンギク，アカクローバ，クリムソンクローバ，レンゲ，ローズグラス，グリーンパニック	オオムギ，ソルガム，ミズナ，ヘチマ，ビート，ホウレンソウ，ナス，トウガラシ，レタス，ゴボウ，ワタ，アルファルファ，ブッフェルグラス

細胞質の酸性化と低 pH 耐性

酸性土壌における作物の生育阻害要因としては，まず細胞質の酸性化が挙げられる．土壌中のプロトンの細胞への流入による細胞質の酸性化では，まず細胞の代謝反応を担っている酵素の多くはその触媒活性において中性付近に至適 pH を持ち，そこから外れた場合に活性が低下する．したがって，細胞質 pH の低下は多くの酵素活性を低下させ，正常な代謝を阻害する．低 pH 自体に対する耐性には強い作物が多い．耐性の強い作物では，pH 3.5 でも対照の 80% 以上の生育を示し．通常の酸性土壌の pH は 4.5 以上であるため，これらの作物にとって低 pH が直接生育阻害要因として作用する度合いは小さい．また細胞質の pH は一時低下した場合もすぐに回復することが確かめられており，厳密に調節されている．調節機構として，①リン酸，重炭酸塩，ヒスチジンなど細胞内成分による緩衝作用，②リンゴ酸の脱炭酸など酵素反応による弱酸性物質の中性化，③原形質膜プロトンポンプによるプロトンの細胞外排出，⑤液胞膜プロトンポンプによるプロトンの液胞内への隔離などがある．また酸性条件下では，ジアミンの一種プトレシンの合成酵素であるアルギニン脱炭酸酵素が誘導されるため，細胞内の pH 低下を調整するホメオスタシス機構としての有機カチオンによる pH 調整が考えられる．アルミニウム（Al）の無毒化の１つには根圏の pH を高くして Al を不溶化するものがあり，シロイヌナズナの Al 耐性変異株から明らかになっている．

一方，土壌環境とは別に，細胞内代謝の結果として生じる細胞質 pH の低下も考えられ，①根がアンモニウムイオン（NH_4^+）を吸収したのち，アミノ酸に同化されて生じる H^+ の増加や，②根の有機化合物や陰イオンの吸収でのプロトン共輸送での H^+ の持ち込みなどがある．

Tea Time

アンモニウムトランスポーター

アンモニウムイオン（NH_4^+）とアンモニア（NH_3）は容易に転換するが，$pK_a = 9.25$ であり，中性や弱酸性域での土壌では NH_4^+ として存在する．いままで，その物理的性質の類似性から，NH_4^+ は K^+ の吸収に影響すると考えられてきたが，実際の根の NH_4^+ 吸収は高い選択性を示し，特異なアンモニウムトランスポーターの存在が示唆されていた．そしてすべての生物でははじめてシロイヌナズナから NH_4^+ 吸収突然変異体子酵母を用いて AMT 1.1 遺伝子が単離された（von Wiren, *et al*., 2000）．そして細菌，酵母，イネ，トマト，動物のアンモニウムトランスポーターのホモロジーが調べられ，植物では 70% 以上の相同性が示された．シロイヌナズナには少なくとも５つの AMT 1 ホモログがあり，その中で AMT 1.1 は植物体全体で，特に窒素欠乏で多く発現する 0.5 μM と K_m 値の低いトランスポーターであった．一方 AMT 1.2 や AMT 1.3 は根でのみ常時発現しており，NH_4^+ に対し親和性の低い性質を示した．また同じシロイヌナズナから AMT 2 も単離され，AMT 1 ファミリーとは 25% の相同性しかなく，1 mM のような高濃度に対応するタイプと考えられた．一方，ダイズの別のタイプ SAT 1 は根粒から単離されたが，AMT 1 や AMT 2 とはホモロジーがなく，根粒のバクテロイドから宿主への NH_4^+ 移動に関与していると考えられている（Epstein and Bloom, 2005）．

上記の土壌中のプロトンの細胞質への流入による障害とは別に，酸性条件で土壌より可溶化するアルミニウムイオンやマンガンイオンの影響，リン酸，Ca，Mg，K などの多量元素不足や，B，Zn，Cu，Mo などの微量元素不足，そして土壌微生物の増殖阻害や微生物種の異常などが考えられる．作物の耐酸性が植物種で異なる原因は，上記の要因のうち，いずれかまたは複数の要因に対する耐性が異なることも考えられるが，酸性土壌での生育阻害の多くはアルミニウムイオンによるものと考えられている．酸性土壌において，根の伸長がAlによって阻害されるため，結果的にリン酸吸収能が低下する．そのためAl過剰土壌では，根の伸長阻害とリン酸欠乏の両面から作物生育阻害がおきることも多い．

アルミニウム耐性と根の伸長阻害

Alは地殻表面で最も多い金属であり，pH 5以下ではアルミニウムイオン（Al^{3+}）として溶け出してくる．他の三価のカチオンと同様に植物に対して毒性を示す．作物の中で，これまでに報告された報告をとりまとめてAl耐性を表20.2に示した．

表20.2　各種作物の高Al耐性（山崎ら，1993）

強	強〜中	中	中〜弱	弱
イネ，シソ，ソラマメ，クランベリー，キャッサバ，チャ，バーミューダグラス，モラッセスグラス	エンバク，トウモロコシ，キビ，ダイズ，ソバ，ギニアグラス	ライムギ，インゲン，エンドウ，キャベツ，ハクサイ，ゴボウ，ナス	コムギ，ソルガム，ダイコン，カブ，トマト，トウガラシ，キュウリ	オオムギ，タマネギ，アスパラガス，カラシナ，コマツナ，タイナ，ミズナ，チシャ，レタス，セロリ，シュンギク，ニンジン，パセリ，ビート，ホウレンソウ，ワタ，アルファルファ，ブッフェルグラス

表20.2で示されているように，培地の高Al濃度に対する耐性には植物種で大きな差がある．オオムギ，レタス，トマトなどでは低濃度のAlで生育阻害がおこるが，イネ，ソバなどは高濃度でないと生育阻害がおこらない．また樹木には高耐性のものが多い．Alによる作物の生育障害はまず根に現れ，根の伸長が阻害されたあとに地上部生育の阻害がおこるが，地上部へのAlの移行度と耐性とは関係ない．しかし根のAl耐性度と地上部の生育から見た耐性とはよく一致する．

Alによる根の伸長阻害の植物種による違いは，根組織内部に対するAlの侵入の難易度に対応している．どの作物も表皮表面におけるAlの集積はかなり多いが，Al耐性の弱いオオムギでは皮層や内皮にもかなり多量のAlが集積する．症状では表皮の陥没や脱落，皮層に達する横の亀裂が生じ，細胞膜も破壊され，細胞からカリウムなどが漏洩する．さらに皮層細胞の形態も奇形化する．一方耐性の強いイネ，エンバクでは皮層や内皮にはほとんど集積せず，表皮，皮層細胞ともに変化は見られない．また，Alイオンにさらされてから数時間でおきる漏洩などの膜障害は，原形質膜の脂質過酸化によるものと考えられ，根の伸長阻害の結果ではないと考えられている．

これらの結果から，オオムギでは細胞壁や細胞膜の Al 耐性がきわめて弱く，多量の Al が根組織や細胞内に侵入するのに対し，イネでは細胞壁や細胞膜の耐性が強く，そのために Al が根組織や細胞内に侵入しないような排除機能が強いと考えられる．なお，耐性の弱い種では，細胞膜の崩壊に先立って，イオン吸収を制御するプロトンポンプの機能が Al によって失活することも知られている．また，根細胞内に侵入した Al は核と結合してその機能を失活させ，細胞分裂の阻害を引きおこすと考えられているが，これが根の生育阻害における初期の標的ではなく，伸長阻害が主因との考えもある．ともかく Al 耐性機構としては，根の Al 排除能力が重要であり，その能力が，根細胞の細胞壁や細胞膜の Al 耐性と密接に関連していると考えられる．

アルミニウム耐性と有機酸

Al 耐性細胞はクエン酸，リンゴ酸，シュウ酸などの有機酸の合成能と細胞外に対する分泌能は強いことが示され，クエン酸などの有機酸は Al とキレートを形成して，Al の毒性を低下させると思われるが，根からの分泌量が土壌中の Al 量に比べて十分ではないとの考えもある．しかし，この分泌機能の強弱が Al 耐性に植物種間差が存在する原因になっていると思われ，ある種の植物では，有機酸は最も Al に感受性の高い根の先端でのみ分泌され，効率的な耐性機構を有するものも報告されている．またコムギやトウモロコシでは，有機酸分泌のチャンネルは Al^{3+} で活性化されるが，活性化の度合いは非耐性より耐性品種のほうが大きい．Al 耐性コムギでは，Al 処理後，数分以内にリンゴ酸が根から分泌され，Al とキレートをつくり無毒化される．このコムギのリンゴ酸トランスポーター遺伝子をオオムギに導入して，Al 耐性オオムギができている．また水田転換作作物としてよく栽培されるソバは酸性土壌でもよく生育する．ソバはアルミニウムストレスを受けるとただちに根圏にシュウ酸を分泌する．有機酸とキレート結合したアルミは根には吸収されない．ソバやアジサイでは，高濃度のアルミを蓄積しているにもかかわらず，なんらの症状も示さない．アルミニウムストレスを与えなくとも，ソバは細胞内に大量のシュウ酸を貯えており，Al が細部内に侵入すると無毒な Al-シュウ酸（1：3）の複合体となり無毒化される．また根ではシュウ酸とキレート結合して存在する Al は道管中ではクエン酸とのキレートで存在して地上部に運ばれる．道管中では Ca^{2+} が多いため，シュウ酸アルミニウムではシュウ酸カルシウムとなって沈殿してしまうため，クエン酸アルミニウムで運ぶと考えられている．

熱帯雨林で生育する *Melastoma maleabathricum* ではむしろ高濃度 Al にさらされたときのほうが生育がよい．アジサイでは，細胞液の Al 濃度は 13.7 mM にも達し，そのガク片の色は濃度が濃くなるにつれて，ピンクから紫そして青に変化する．これら Al 集積植物では，内部の Al を有機酸により隔離することで，ATP のような物質との複合体形成を防いでいる．

Tea Time

酸性土壌

日本の土壌は多かれ少なかれ酸性土壌といわれ，酸性に弱いホウレンソウを家庭菜園でつくろうと思っても，そのままではうまく育たない．まず石灰をまいて土とよく混ぜてしばらく置いてから種をまくとうまくいく．それではなぜ日本の土壌は酸性なのか．まず，落ち葉などの有機物が分解されて生じる有機酸が土壌溶液に入ることが挙げられる．また日本は温帯多雨気候のため，雨で粘土に吸着していた Ca などのカチオンが，雨の中に含まれる炭酸イオンで洗われて流失することも原因である．また植物が養分としてカチオンを吸収するとともに有機酸を分泌することも挙げられる．また土壌中では微生物や植物の根の呼吸で，大気中の二酸化濃度（0.036%）の 100 倍にもなるため，さらに酸性化する．こうして置き換えられたカチオンの重炭酸塩は地下水から河川へそして最終的には海に注ぐ．海の膨大な塩類は岩石や鉱物の風化によるものである．しかし，より深刻な土壌の酸性化は硫安 $(NH_4)_2SO_4$ や塩加 KCl などの肥料の施肥によるものである．これらはそれ自体中性であるが，植物が養分としてカチオンをより積極的に吸収するため，土壌が酸性化する．そのためこれらを生理的酸性肥料という．

ムギの不作地では土壌 pH の低下によることが多い．野菜での石灰施用はよく行なわれるが，ムギ作での石灰施用はあまり行なわれない．水田跡地での畑地の pH は 5.0 くらいで，硫安の長年使用では明らかに土壌は酸性化する．水田では湛水による還元作用で土壌 pH は中性付近に収斂されるが，水田土壌では硫化鉄の形で沈殿していた硫黄が乾燥して酸化し，硫酸イオンになって pH が低下する．水稲作直後の pH ではそれほどでなくとも，畑地では時間とともに pH が下がり，そのままではムギができないくらいに pH が下がっていく．

第21講

細 胞 培 養

キーワード：全能性　カルス　クローン　ウイルスフリー　プロトプラスト

動物細胞は，分化が進むにつれてほかの細胞に再分化する能力が減少するが，植物細胞には分化した後にも全能性を保持するものが多い．組織を培養する技術は1930年代から研究されてきたが，生物学としての知見のみならず，農業，工業などの応用面が重視されてきた．

脱分化と再分化

植物組織を傷つけると，傷を受けた組織の近くの細胞が分裂して，カルスと呼ばれる白い不定形の細胞集団ができる．もともと分化していた細胞が，受傷という環境変化で，形態的特徴のない脱分化した細胞を再生産したと考えられる．また植物の組織を適当な栄養分とホルモンを含んだ培地で培養してもカルスになり増殖する．培地中の栄養分がなくなると分裂は止まるが，新しい培地に移すとまた増殖をはじめる．このように順次植え替えると，半永久的にカルスを増殖させることができる．これを無限成長という．カルスは未分化な細胞の集まりであるが，培地の条件を変えることにより，根や芽など様々な組織に分化させることができる（図21.1）．カルスは生じた器官にかかわらず，培地中のホルモン量の調節で個体にまで再生することができる．これを植物細胞の全能性という．生物学実験ではよくニ

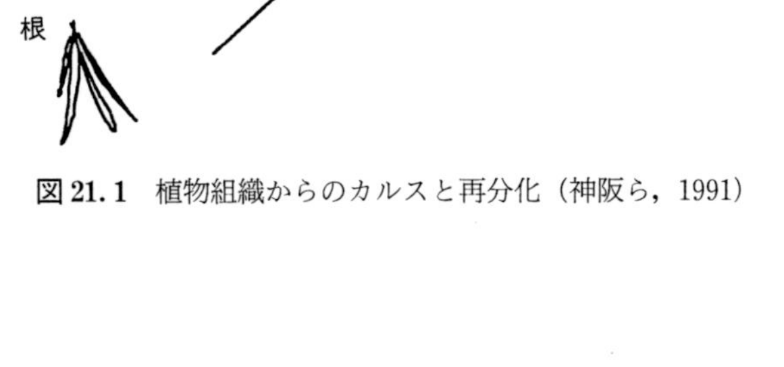

図21.1　植物組織からのカルスと再分化（神阪ら，1991）

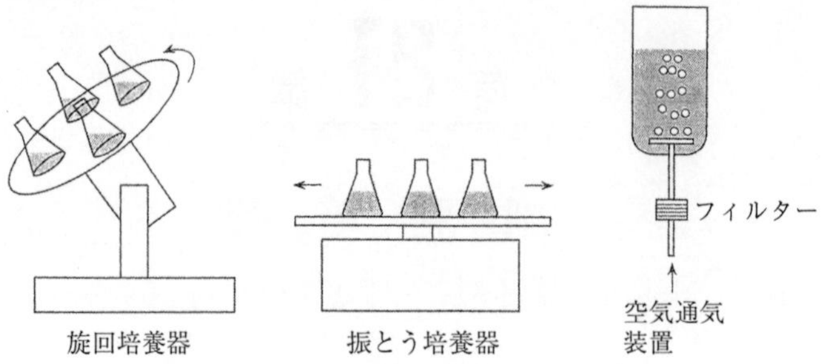

図 21.2　懸濁培養装置（神阪ら，1991）

ンジンの根などを用い，カルスから再び完全なニンジンをつくることができる．

懸濁培養

カルスを寒天培地で植え継いで増やす場合，微生物の培養に比べて格段に遅い．そこでカルスの増殖速度を上げる目的で，懸濁培養を行なうことがある．寒天培地と同じ組成の液体培地に移すと増殖速度が上がる．寒天培地ではカルスと培地の接する面でしか養分を吸収できないが，液体培養ではカルスは小さな塊に分かれ，液体培地から全面的に栄養を吸収できる．しかし，懸濁培養では静置すると細胞は酸素不足となり，すぐに増殖が停止するため，図 21.2 のような撹拌方式や下から無菌の空気を通す方法が用いられる．

植物組織培養

有用物質の生産において，たとえばチョウセンニンジンの根に含まれる成分は，生薬に用いられる．またムラサキの根に含まれる紫色の色素は，化粧品などに用いられる．しかし，こうした植物を栽培しても有効成分を多量に得ることは難しい．そこで，最近はこれらの植物のカルスを液体の培地の入ったタンクで培養し，有効成分を効率的に生産する方法が用いられる．

培養細胞の中には，分裂を繰り返してハート型の細胞塊になるものがある．この細胞塊は受精したあと分裂してできる胚と似ており，受精していないが不定胚といい，受精胚と同様に成長して個体にまで再生する．一般に，培養液中のオーキシン濃度を下げ，サイトカイニンの濃度を上げると不定胚ができやすい．

成長点培養では，茎頂や側芽から分裂組織を切り出して，培養する方法である．ランやカーネーションの栽培では，茎の頂端分裂組織を切り取り，組織培養した苗が利用されている．この方法を用いると，短期間に同じ遺伝子を持つクローン苗が大量に得られる（図 21.3）．

また，植物に病気を引きおこすウイルスは頂端分裂組織には存在しないため，ウイルスに感染していない，ウイルスフリーの苗が得られる．ウイルスに感染した植

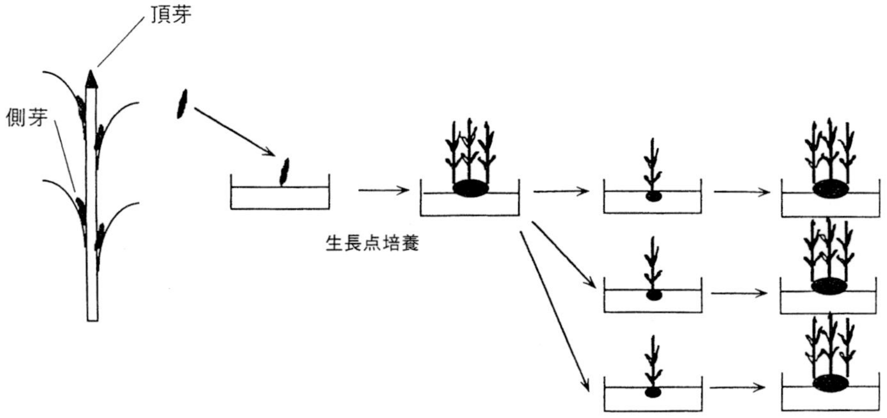

図 21.3　生長点培養（神阪ら，1991）

物体から生長点を切り出して，無菌的に培養してもウイルスフリーの植物体が得られ，ジャガイモではこの方法で収量が 50% 増加した．希少植物の増殖にも組織培養を用いている．レブンアツモリソウは，絶滅の心配がある植物に指定されている．このような植物を野外で増やすのは難しいので，組織培養の技術が利用されている．

細胞融合による雑種植物の育成にも組織培養が必要である．複数の細胞を融合させて，1 つの細胞をつくることを細胞融合という．植物の細胞融合では，酵素処理をして細胞壁を取り除く必要がある．細胞壁がある細胞から細胞壁を除いたものをプロトプラストという．プロトプラストをつくるためには，細胞壁を除くための酵素処理が必要となる．基本的には，セルロース，ヘミセルロース，ペクチンを分解する酵素で消化除去であるが，そのまま処理すると，細胞内の高い浸透圧のため破裂してしまう．そこで，原形質膜を通過しない浸透調整物質を酵素液に溶かして，細胞内の浸透圧と同じにする．この溶質には，マニトールやソルビトールが使われる．この方法を用いて，種類の異なる植物のプロトプラストを電気処理や薬品処理で融合させ，雑種植物をつくることができる．このような方法でジャガイモとトマトからポマトなど様々な雑種植物がつくられた．またプロトプラストは細胞壁がないため，遺伝子導入しやすい利点もある．

表 21.1　ムラシゲ-スクーグ培地用混合塩類（合計 4.6 g/l）

NH_4NO_3	1,605　mg	$ZnSO_4 \cdot 7H_2O$	8.6　mg
KNO_3	1,900　mg	KI	0.83　mg
$CaCl_2 \cdot 2H_2O$	440　mg	$Na_2MoO_4 \cdot 2H_2O$	0.25　mg
$MgSO_4 \cdot 7H_2O$	370　mg	$CuSO_4 \cdot 5H_2O$	0.025 mg
KH_2PO_4	170　mg	$CoCl_2 \cdot 6H_2O$	0.025 mg
H_3BO_3	6.2 mg	$Na_2 \cdot EDTA$	37.3　mg
$MnSO_4 \cdot 4H_2O$	22.3 mg	$FeSO_4 \cdot 7H_2O$	27.8　mg

表 21.2　有機添加物（−20℃保存：20.7 g/l）

ミオ-イノシトール	20　g
ニコチン酸	0.1 g
ピリドキシン・HCl	0.1 g
チアミン・HCl	0.1 g
グリシン	0.4 g

現在，組織培養のためにムラシゲとスクーグ（Murashige and Skoog, 1962）の基本培地の塩類は市販されている（表 21.1）．これにショ糖を 30 g/l，有機添加物として，貯蔵溶液（表 21.2）を 5 ml/l 加えて使用する．

現在までに植物の必須元素 16 種のほかに，Co が加えられている．カルス培養では，生長調整物質として，オーキシンやサイトカイニンを与える．オーキシンの場合，IAA は分解されやすいため，通常は 2.4-D や NAA を用いる．サイトカイニンでは，ゼアチンはオートクレーブできないため，6-BA やカイネチンを用いる．そのほか，カゼイン加水分解物や酵母抽出物，ココナツミルクを加える場合もある．

Tea Time

ココナツミルク

植物の胚発生を見てみると，まず未受精の子房の中には胚のう母細胞（2 n）があり，これが減数分裂をして胚のう細胞（n）ができる．この細胞は 3 回の核分裂を行ない，染色体 n の核を 8 個つくる．これらの核のまわりに細胞膜ができて卵細胞 1 つ，助細胞 2 つ，反足細胞 3 つ，中央細胞 1 つになる．この中央細胞は 2 つの極核を含む．一方，花粉が発芽し花粉管には 1 個の花粉管核 1 個と精細胞 2 つができている．2 個の精細胞は胚のうの卵細胞，中央細胞とそれぞれ受精して，胚（2 n）と胚乳（3 n）ができる．種子には胚乳の発達した種子と，種子ができる途中で胚乳の養分が子葉に吸収され，無胚乳になる種子がある．

胚乳は発芽の過程で養分を胚に与えるという意味では赤ちゃん（胚）のミルクである．新しい植物を作り出すための胚培養という技術がある．品種が遠縁であったり，植物種の異なる場合には，受精が行われても胚乳がうまく発達しないため，胚が栄養不足のために途中でダメになり，種子はできても胚のない無胚種子（シイナ）ができる．そこで種子形成の途中で胚を取り出して無菌で培養して発芽個体にまで持っていく胚培養（エンブリオレスキュー）が使われる．この場合，赤ちゃん胚を育てるために，糖やミネラル，ビタミン，植物ホルモンなどの含まれる有機培地を使うが，なかなかうまくいかなかった．しかし，1941 年にココナツミルクを有機培地に加えることで胚の生育が成功することがわかり，胚培養技術が急速に広まった．ココナツの実のココナツミルクはまさに胚のミルク，胚乳であり，胚の生育に有用であることが理解できる．これも植物の有機栄養学の一例である．

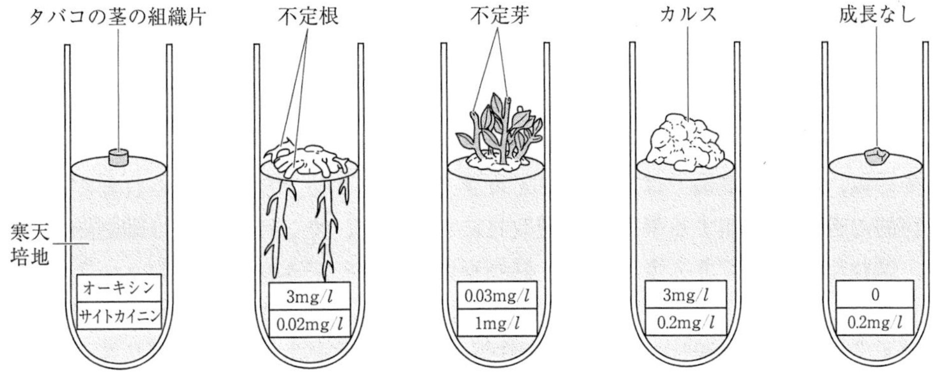

図 21.4 植物の組織培養でのホルモンバランス（毛利ら，2005）

生長調整物質の 2.4-D とカイネチンの濃度はそれぞれ 0〜10 μM の範囲で 5 段階の濃度で 25 通りの組合わせの中で試験的培地を実施して，植物材料に合った組合わせ濃度を選ぶ方法がある．組織片を寒天培地（6〜10 g/l）で培養した場合，オーキシン濃度/カイネチン濃度の比が高いときには不定根が出て，ある比率ではカルスとなり，比率が低いときには不定芽が出ることが多い（図 21.4）．

葯培養で，純系の植物を得る方法がある．葯とは，雄ずいの先にある花粉をつくる器官である．葯を培養すると，その中の花粉母細胞が分裂して，植物体にまで成長することがある．植物の染色体は普通 2 倍体であるが，葯の花粉母細胞は減数分裂したものであるため 1 倍体である．これを半数体といい，分裂して個体に戻しても正常な形態をとることはあまりない．しかし，花粉母細胞が分裂しているときにコルヒチン処理すると，染色体が倍化する．染色体が倍化する過程で，細胞分裂が伴わないためにおきる．染色体が倍化した細胞をホモ接合体といい，容易にふつうの形態をもつ植物個体に生育する．ふつう品種改良するときに，かけ合わせを行なうが，ヘテロ接合体であるため，いつも同じ品質のよい作物ができるわけではなく，何代にもわたって栽培を続け，目的とする性質がいつも現れる種子（純系）を選抜しなければならない．一方，葯培養でホモ 2 倍体が得られれば，最初から純系をつくることができ，この中から目的にかなった品種を選べばよい．葯培養技術によって，農業的にはいままでの純系作成時間を大幅に短縮できる．

Tea Time

ポマト

トマトとジャガイモ（ポテト）の細胞を融合したポマトは，本来はトマトにジャガイモの耐寒性遺伝子を導入する品種改良を目指すことが目的であった．細胞融合による雑種から，地下ではジャガイモが，地上ではトマトのできる優良品種の誕生が期待されたが，実際には，トマトもジャガイモも小さな貧弱なものしか実らなかった．味も芳しくないものになった．考えてみれば，葉で行なわれる光合成量は変わらないのに，ジャガイモとトマトの両方が大きくなるはずもなかったのである．

その後，日本の企業ではオレンジとカラタチからオレタチがつくられたが，これは目的の香りを付加する果実の品種改良につながり，カンキツ類では細胞融合技術で，優れた品種ができてきている．温州みかんとネーブルからは，シューブルがつくられた．またハクサイとキャベツの仲間のアカカンランからできたバイオハクランはすでに市場に流通しつつある．細胞融合では，薬品としてよくポリエチレングリコールが使われる．最初にこの薬品で細胞同士が融合したことは驚きであった．自然界にない物質であったからである．しかし，メロンとカボチャの細胞融合したメロチャなど，まだ育つところまでこぎ着けないものも多い．

第22講

遺伝子組換え

キーワード：ベクター　制限ヌクレアーゼ　DNAクローニング
パーティクルガン

遺伝子を操作する技術を利用する遺伝子工学は，1970年代に，ある生物の持つ特定の遺伝子を，他の生物の細胞内に導入して，その細胞内で外来の遺伝子を機能させたことからはじまった．このように遺伝子の新しい組合わせをつくることを遺伝子組換えという．

細菌は，制限酵素という特別なDNA分解酵素を持っていることがある．最初に発見されたのは大腸菌のEcoR I という酵素であった．現在では数百種にのぼる制限酵素が発見されており，それぞれ特異的なDNA配列を切断する．次に発見された遺伝子工学で重要な酵素は，切断されたDNA断片をつなげるリガーゼという酵素である．この数百種にのぼる制限酵素とリガーゼにより様々な遺伝子技術が可能になった．

大腸菌には，プラスミドという小形で環状のDNAがある．塩基数にして数千から数万のもので，大腸菌から取り出し，それを再度，容易に大腸菌に戻すことができる．プラスミドに目的の遺伝子を組み込み，それを大腸菌内に取り込ませることが可能である．だからプラスミドは，遺伝子の運び屋（ベクター）として利用されている．

農作物は長い間交配によって人為的に改良されてきた．しかし，交配による改良は手間と時間がかかるうえ，異種間の交配が困難なため，新しい作物の創生や画期的な品種改良には困難を伴っていた．ところが，遺伝子工学の技術と第21講でふれた細胞培養の技術が進歩し，いままでにはない改良が行なえるようになった．

遺伝子組換え技術

耐病性などのすぐれた形質を持った生物をたくさん育て，また何代にもわたって保持するために，交配による品種改良が続けられてきた．これには膨大な労力と長い時間を必要とした．新しい形質も長い間自然の突然変異によるものであったし，γ線照射による人為的突然変異技術も交配に比べれば，歴史は浅い．ところがごく近年になって，必要な遺伝子だけを取り出して目的の生き物に組み込む遺伝子工学技術が開発されて，品種改良は一変した．

遺伝子組換え技術の手順：

①目的遺伝子の単離するか，または mRNA から逆転写で目的の DNA を合成．
②①の DNA をクローニングベクター（運び屋）に組み込み，導入先で大量増殖．
③大量増殖した目的遺伝子を直接目的の生物に注入するか，もしくは，遺伝子導入用ベクターに組み込んで，組込み先の生物に導入（感染）させる．
④目的の遺伝子は目的の生物（宿主細胞）の染色体に組み込まれて，その遺伝情報は世代を通して発現することを確認する．

ベクター

細菌のプラスミドやバクテリオファージの DNA は自己複製に必要な遺伝子を含むため，これらの DNA に目的の DNA を挿入して細胞に戻してやると，プラスミドやファージの増殖に伴い挿入した DNA も同様に増える．このような増殖目的に使用される DNA をクローニングベクターや増殖用ベクターという．大腸菌のプラスミドやラムダファージがよく用いられている．特にラムダファージは大きな DNA が挿入できる．

一方，形質を転換する目的の生物に導入するベクターを遺伝子導入ベクターという．高等植物のための遺伝子導入ベクターとしては，Ti（tumor inducing）プラスミドや Ri（root inducing）プラスミドなどがある．これらのプラスミドは，それぞれ *Agrobacterium tumefaciens*，*Agrobacterium rhizogenes* という土壌細菌のもつプラスミドで，前者は植物の傷に感染してクラウンゴールという瘤状の腫瘍を形成する病原菌である．後者は，感染部分に毛状根という特殊な根を形成させる病原菌である．これらのプラスミドは 150～240 キロ塩基（kb）もある大きなプラスミドで，その中に T-DNA（transferred DNA）と呼ばれる領域があり，この細菌が植物に感染したときに植物細胞の染色体 DNA に組み込まれる部分である．この T-DNA の中に目的の遺伝子 DNA を組み込んでおけば，外来遺伝子を植物体に組み込むことができる．

制限ヌクレアーゼ

核酸を分解する酵素ヌクレアーゼは，DNA 分解と RNA 分解に関する，それぞれエンド型とエキソ型の酵素がある．エンド型は核酸分子の内部に切断を入れる酵素で，エキソ型は末端から順に切断分解していく酵素である．エンドヌクレアーゼには，ランダムに切断していくタイプと特定の塩基配列を認識し，特定箇所のみ切断するタイプがあり，後者を制限ヌクレアーゼ（制限酵素）という．この酵素の存在ではじめて DNA の組換えが可能になった．現在遺伝子工学に利用されている制

	認識配列	切断末端（粘着性末端）
EcoR I [*Escherichia coli*]	---GAATTC--- ---CTTAAG---	---G　　AATTC--- ---CTTAA　　G---
BamH I [*Bacillus amyloliquefaciens*]	---GGATCC--- ---CCTAGG---	---G　　GATCC--- ---CCTAG　　G---
Hind III [*Hemophilus influenzae*]	---AAGCTT--- ---TTCGAA---	---A　　AGCTT--- ---TTCGA　　A---
Sal I [*Streptomyces albus*]	---GTCGAC--- ---CAGCTG---	---G　　TCGAC--- ---CAGCT　　G---
Pst I [*Providencia stuartii*]	---CTGCAG--- ---GACGTC---	---CTGCA　　G--- ---G　　ACGTC---
Sma I [*Serratia marcescens*]	---CCCGGG--- ---GGGCCC---	---CCC　　GGG--- ---GGG　　CCC---

図 22.1　制限酵素の認識配列と切断部位（神阪ら，1991）

限酵素はほとんどが細菌由来のものである．細菌が外来から侵入してくる DNA を自分の DNA と識別して分解し，自分を防衛することがこの酵素の本来の役割である．市販されている制限酵素の認識配列と切断部位のおもなものを図 22.1 に示す．

これらの酵素の多くは，二本鎖 DNA の異なる位置を切断するため，粘着末端という数個の塩基配列からなる一本鎖 DNA 部分が生じる．粘着末端は相補的な一本鎖を持つ DNA と塩基間水素結合でゆるく会合する．そのため，同じ制限酵素で切断した DNA と異種 DNA は互いにゆるくつながることができる．このつながった DNA を連結酵素リガーゼにより共有結合にして連続した DNA にすることで異種 DNA を組み込むことができる．

DNA クローニング

特定の遺伝子 DNA を取り出して大量に増殖させる．これを DNA クローニングという．まず，必要な遺伝子を取り出す方法として，①ショットガン方式，②逆転写法がある．①ではまず DNA を制限酵素で切断して断片化する．次に断片をクローニングベクターにつないで増殖させて，その中から目的の遺伝子を見つける方法である．このようなDNAの断片を増やしたものを，遺伝子ライブラリーという．②は目的の遺伝子が発現している細胞からmRNAを取り出して，このmRNAを鋳型に逆転写酵素によってDNAにコピーして，このcDNA（complementary DNA）から二本鎖DNAを合成したのち，クローニングベクターにつないで増殖させて，その中から目的の遺伝子を見つける方法である．この方法で増やしたDNAはゲノムDNAと異なりイントロンなどが抜けているが，タンパクのアミノ酸配列が読めることや大腸菌に入れて機能のあるタンパクをつくらせることが可能な場合もある．

植物のゲノムDNAは大きいため，普通は②の方法が用いられる．植物でも組織や器官などで異なった特定の遺伝子だけが発現しているため，そのmRNAを取り出す．この場合に，組織から核酸を抽出して電気泳動を行ない，RNAを取り出す．次にmRNAは3'-末端にポリA鎖がついているため，これと相補するポリUやポリdTのついたろ紙や樹脂にmRNAを結合させて，他のRNAを除いてから，②の方法でクローニングを行なう．

①や②でクローニングしたDNAから目的の遺伝子を探し出す方法として，ハイブリッド形成法と免疫抗体法がある．ハイブリッド形成法では目的の遺伝子の塩基配列はアミノ酸配列情報の一部がわかっている場合にその情報からプローブ（探り針）である相補するDNAを合成して，特定の遺伝子を選び出す方法である．一方，免疫抗体法では特定の遺伝子の産物であるタンパク質が精製されていて，その抗体が得られる場合に用いられる．この場合に，目的の遺伝子を含むcDNAライブラリーから多数のcDNAを大腸菌の遺伝子発現ベクターに組み込んで，多数のコロニーを得て，このコロニーから抗体を用いて，目的の遺伝子を探し出す方法である．

目的のDNAをベクターに組み込む反応は，制限酵素やリガーセを用いて行なわれるが，すべてのベクターに目的のDNAが組み込まれるわけでなく，通常は1〜10%程度である．そこで，組み込まれたベクターとそうでないものを選別しなければならない．このスクリーニングにはベクターに含まれる抗生物質耐性遺伝子を用いる．この耐性遺伝子の中に目的遺伝子DNAを組み込んだベクターは大腸菌の中では，特定の抗生物質耐性が失活することになる．この差を利用して選別する．

植物体への遺伝子導入

Tiプラスミドは植物細胞を脱分化状態で増殖させる植物ホルモンの遺伝子を持っている．このため，このプラスミドを直接入れると植物組織は腫瘍細胞となり，正常な個体に再生できない．そこで，Tiプラスミドの植物ホルモンの遺伝子を取り除いたTiを使い，遺伝子導入が行なわれる．このTiには，さらに抗生物質耐性遺伝子も組み込まれている．Tiは大きなプラスミドのためこのT-DNA部分に

直接外来遺伝子を組み込むことができない．そこでpBR 322などの外来遺伝子を組み込んだクローニングベクターと伝達性プラスミドを大腸菌の中で共存させて，クローニングベクターをアグロバクテリウムに伝達させ，相同部分の組換えにより，Ti部分のT-DNA部分に目的遺伝子を導入する．アグロバクテリウムへの導入頻度は10^{-5}から10^{-6}程度であるが，組換え体は抗生物質耐性で選別する．このようにして得られたアグロバクテリウムを植物に感染させると，目的の遺伝子を含むT-DNAが植物の染色体に組み込まれ，世代を通じて発現維持される．

植物細胞へのDNAの直接導入方法として，プロトプラストを調整して，細胞膜の小孔からDNAを直接入れるエレクトロポーレーション法やポリエチレングリコール法と，細胞壁を貫通してDNAを注入するマイクロインジェクション法やパーティクルガン法がある．

=============== Tea Time ===============

遺伝子組換え作物

非選択性農薬であるグリホサート（図22.2：商品名ラウンドアップ，モンサント社）は，この農薬に耐性のある作物の遺伝子組換え作物の創生により，選択的農薬としての使用が可能になった．この農薬は，最も経済的に成功した例であり，シキミ酸合成経路のEPSP合成酵素を阻害することで，芳香族アミノ酸の合成を止める（図22.3）．この経路は動物にはないため，動物の代謝には大きく影響することはないとされている．簡単な構造でもあるため，土壌中では比較的速やかに分解される．葉に噴霧することで，非常に強い雑草でもその多くを枯らすことができる．たとえば，鉄道線路の除草，果樹やブドウ畑の下草除去，作物を植える前の雑草駆除に使われている．この強力な農薬を，選択的かつ植え付け後に使用できるようにするため，遺伝子組換え技術により多くの作物をグリホサート耐性に作り変えた．方法としては細菌のEPSP合成酵素が植物よりグリホサートに感受性が低いため，植物に細菌のEPSP合成酵素遺伝子を導入発現させて，農薬耐性作物を作り出した．現在は，ワタ，ダイズ，ナタネで栽培されている．

$$^-O-\underset{\underset{O^-}{|}}{\overset{\overset{O}{\|}}{P}}-CH_2-\underset{H}{N}-CH_2-COOH$$

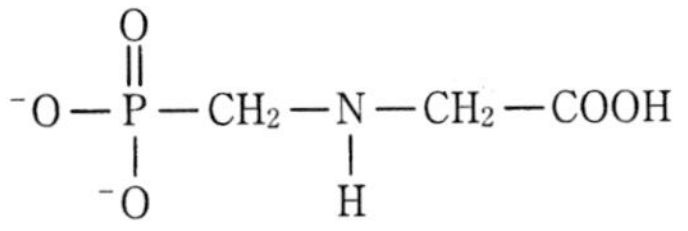

図22.2　グリホサート

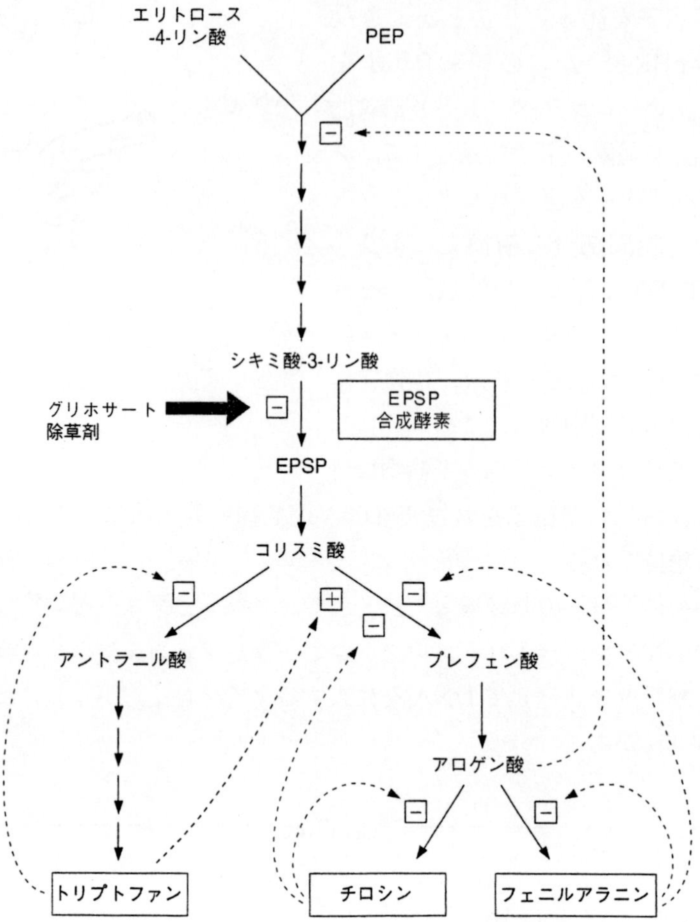

図 22. 3　芳香族アミノ酸の合成経路とグリホサートによる阻害作用点（Heldt, 2005）

第23講

無 機 肥 料

キーワード：窒素質肥料　リン酸質肥料　カリウム質肥料　石灰質肥料
ケイ酸質肥料

作物が栽培され，肥料を施していた古代では，肥料とは動物や人の糞尿であり，肥やしや肥えと呼ばれていた．明治に入り，グアノ（海鳥糞），骨粉や過リン酸石灰の輸入が開始されたが，それまでは，わが国では堆肥など各種の有機物が自給肥料として使われており，金肥（お金で購入する肥料）は乾鰯などの魚肥類やなたね油かすであった．

1840年ドイツで骨粉に硫酸を作用させると，肥効が増大することが見いだされ，過リン酸石灰工場を建設したことで工業化がはじまった．また1895年には石灰窒素が製造され，石灰窒素法による変成硫安もつくられた．その後，ハーバー-ボッシュ法による合成硫安の製造が1913年にはじまり，経済的にも有利であることから広がりを見せた．硫安は従来の有機質肥料である魚肥などに比べ，含有窒素成分比が高く肥効は速効的であった．土壌中に吸着保持されて流れにくいこともあり，水稲栽培に好適であったことから，わが国においても工業化が発展した．

肥料の定義

わが国の肥料取締法では，肥料は「植物の栄養に供すること，または植物の栽培に資するため，土壌に化学的変化をもたらすことを目的として土地に施させる物，および植物の栄養に供することを目的として植物に施される物」と定めている．法令で定める植物の栄養分としては，窒素（N），リン酸（P），カリウム（K），石灰，マグネシウム（Mg），ケイ酸，マンガン（Mn），ホウ酸などを肥料としている．このことから，土壌に施して植物の栽培に役立てるものと，植物に直接施して効果を現すもの（葉面散布剤や養液栽培用の培養液など）が肥料とされている．農作物を栽培する場合，N，P，Kが欠乏しやすく，これら3成分を肥料の3要素といい，いずれか1つ以上を含有するものを肥料と考えるのが普通である．なお，石灰を含めて肥料の4要素ともいう．

肥料の分類

普通肥料： 一般に肥料として市販されているものには，普通肥料と特殊肥料に分類される．普通肥料は，N，P，Kなどの主成分のいずれかを含む肥料で，品質保全の必要性から公定規格が定められている．

特殊肥料： 農林水産大臣により特殊肥料として指定されているもので，米ぬか，魚かすなどの肥料，および堆肥をいう．特殊肥料については取締りが簡略化され，都道府県知事への届け出だけですむ．

主要な化学肥料

窒素質肥料： 窒素肥料として施用されているNの化学形態についてみると，無機態と有機態窒素に分けられる．おもな無機態窒素質肥料とその化学組成は次のようである（表23.1）．無機態窒素の肥効の発現が速効性であるのに比較して，タンパク質態窒素は有機質肥料の主要成分で肥効が持続的かつ緩効的である．また上記とは別に緩効性窒素質肥料も市販されている．ほとんどの窒素質肥料の肥効は速効性であるが，溶脱などによる損失が多い．また作物による過剰吸収から茎葉の過繁茂などがおき，吸収利用率は半分程度である．一方，緩効性窒素肥料は，肥料成分が持続的に溶解，分解されて肥効が発現し，土壌中の硝化作用や雨水による流亡の少ない肥料である．種類として化学的加水分解型と微生物分解型ないし両性型がある．緩効性肥料の効能としては，施肥成分の施用効率を高め，施肥の適宜な供給により部分生産能率を高めることが可能になる．またNやKなどのぜいたく吸収を軽減して健全な生育を増進する効果もある．

表 23.1

窒素質肥料名称	化学組成
硫酸アンモニア（硫安）	$(NH_4)_2SO_4$
塩化アンモニア（塩安）	NH_4Cl
硝酸アンモニア（硝安）	NH_4NO_3
硝酸ソーダ（チリ硝酸） 硝酸ナトリウム	$NaNO_3$
尿素	$CO(NH_2)_2$
石灰窒素 （カルシウムシアナミド）	$CaCN_2$

リン酸質肥料： おもなリン酸質肥料には以下のものがある（表23.2）．作物に吸収されるリン酸について見ると水溶性，可溶性およびク溶性（クエン酸で可溶）がある．水溶性は水に溶け速効性を示す．可溶性は速効性であるが一部緩効性を示すもので，ク溶性は2%クエン酸に溶け，土壌中では炭酸や根からの有機酸に溶ける緩効性のものである．リン酸は無機態と有機態があり，無機のリン酸では，水溶性，可溶性，ク溶性，不溶性の各リン酸がある．

カリウム質肥料： おもなカリウム質肥料には以下の水溶性のものが主であるが，ク溶性の緩効性カリウム質肥料も開発されている（表23.3）．

石灰質肥料： 多くは酸性土壌を中和するために，石灰質肥料が使用されるが，石灰のCaも作物の必須元素でありN，P，Kも含めて4大肥料に含むこともあ

表 23.2

リン酸質肥料名	化学組成
過リン酸石灰（過石）	$CaH_4(PO_4)_2$（リン酸一石灰），$CaHPO_4$（リン酸二石灰），H_3PO_4（オルソリン酸），$CaSO_4 \cdot 2H_2O$（石こう）
重過リン酸石灰（重過石）	過石と同じ組成だが石こうが少ない
苦土過リン酸	$MgHPO_4$，$CaHPO_4$，$MgH_4(PO_4)_2$，$CaH_4(PO_4)_2$，$Ca_3(PO_4)_2$，$Mg_3(PO_4)_2$，$CaSO_4 \cdot 2H_2O$，SiO_2
熔成リン肥（熔リン）	$CaO \cdot 8MgO \cdot P_2O_5 \cdot nSiO_2$ の固溶体またはこれに B_2O_3，MnO を含ませたもの
焼成リン肥（焼リン）	α-$Ca_3(PO_4)_2$
副産リン酸肥料	$CaHPO_4$，$CaH_4(PO_4)_2$，$Ca_3(PO_4)_2$
リン酸アンモニア（リン安）	$NH_4H_2PO_4$（リン酸一アンモニウム），$(NH)_2HPO_4$（リン酸二アンモニウム：DAP）

表 23.3

カリウム質肥料名	化学組成
硫酸カリ（硫加）	K_2SO_4（硫酸カリウム）
塩化カリ（塩加）	KCl（塩化カリウム）
粗製カリ塩	KCl $MgCl_2 \cdot 6H_2O$ が主成分
硫酸カリソーダ	KCl または粗製カリ塩およびこれらの混合物に $Na_2SO_4 \cdot H_2O$ を加えたもの
苦汁カリ塩	KCl，$MgCl_2$ など
硫酸カリ苦土（サルポマグ）	$K_2SO_4 \cdot 2MgSO_4$（ラングバイナイト），$K_2SO_4 \cdot MgSO_4 \cdot 4H_2O$（レオナイト）
重炭酸カリ	$KHCO_3$（炭酸水素カリウム）

表 23.4

石灰質肥料名	化学組成
生石灰	CaO
消石灰	$Ca(OH)_2$
炭酸カルシウム（炭カル）	$CaCO_3$
副産石灰（おもにケイ酸石灰）	$CaSiO_2$

る．特に野菜などでは石灰自体の栄養効果や耐病性効果が認められ，おもに以下の石灰質肥料がある（表 23.4）．石灰質肥料の主成分はアルカリ分を保証する肥料で，ほかにもケイ酸を含有しているスラッグなど，ケイ酸の少ない土壌地帯での水稲の生育促進やいもち病の予防などに有効なものもある．

ケイ酸質肥料： ケイ酸は水稲栽培に施用すると効果的で，ケイ化細胞が増加して，いもち病やメイチュウなど病害虫に対する抵抗力が強くなり，生育を促進して収量を増大させる．ケイ酸肥料は石灰質肥料にも挙げたが，鉱さいと呼ばれる金属工業における副産物で，通常ケイ酸石灰が主成分である．そのほかにマグネシウム，マンガン，鉄などを含有している．このケイ酸石灰肥料をケイカルと呼ぶ．

マグネシウム肥料： 硫酸マグネシウム肥料（$MgSO_4$）はマグネシウム肥料の中では水溶性のため速効性で，水稲，ムギや野菜類などに肥効が高く葉面散でも使われる．ほかに水酸化マグネシウム肥料（$Mg(OH)_2$）は，ク溶性マグネシウムを主成分とした遅効性のアルカリ性肥料であり，果樹などに利用されるほか，一般作物にも基肥として施用することがある．一方，腐植酸マグネシウム肥料は腐植酸アンモニア肥料，腐植酸混合リン酸，腐植酸カリウム質肥料など同様な使用目的として，肥料成分の苦土の効用だけでなく腐植酸の土壌改良効果のある肥料である．

微量要素肥料： 植物の生育に必要不可欠ではあるが，その必要量がきわめて少ない元素を微量必須元素（微量要素）と呼び，マンガン，ホウ素，鉄，銅，亜鉛，モリブデン，塩素などが知られている．現在はマンガン質肥料およびホウ素質肥料が単独で作物に施用され，マンガン質肥料はアルカリ性の土壌や老朽化水田などに欠乏症状が見られるところに施用する．水溶性の硫酸マンガンがおもな成分であり，土壌での施用以外に葉面散布にも用いられる．またほかに鉱さいマンガンは非常に細かい粉末にして土壌中での溶解性が高くして吸収しやすくされている．ホウ素質肥料にはホウ酸塩肥料とホウ酸肥料とがある．ホウ酸塩肥料のうち，ホウ砂肥料はおもにナタネ，ダイコンなどの欠乏症に効果がある．また粗製ホウ酸塩肥料はホウ砂肥料と比較して水酸性ホウ素が多いので葉面散布用としてナタネ，ダイコンの複合肥料の原料として利用される．一方，ホウ酸肥料は通常，土壌に基肥として施用するが，葉面散布による効果も認められている．

Tea Time

最初の化学肥料，過リン酸石灰の誕生

イングランド中部のシェフィールドという町は古くから鉄器の製造が行なわれていた．その町では，鉄鉱石とともに，鉄を精錬するための薪炭に必要な森林があったからであり，次第に刃物製造が盛んになり，産業革命のころには市場を独占するまでになっていた．このシェフィールドでは骨屑がゴミとして出されることになる．なぜなら刃物には柄の部分には骨や角，そして象牙が使われ，それらの削り屑が大量に刃物工場のまわりに積まれていた．この削り屑のまわりの雑草の茂りが盛んなことに気が付いた農民が持ち帰って畑にまくようになり，それを工場主がやがて骨屑を商売にして農民から代金をとるようになった．骨の成分はリン酸カルシウムであるが，これが肥料として畑にまくというのは大きな発見であった．そしてイギリスでは日本より約1世紀遅れて肥料の商品化がおこった．

骨粉はそのまままくより，堆肥と混ぜてすきこむとよく効くことが知られていた．骨のリン酸カルシウムはそのままでは水に溶けないため，何らかの方法で可溶化する必要がある．ロンドンから北に40 kmほど離れた場所にローザムステッドという場所があり，そこの地主であったローズが自分の荘園に骨粉をまいたが思うような効果が得られなかった．そこの土壌は炭酸石灰をふくみ，骨粉の中のリン酸が溶け出せない条件であった．土壌が酸性のほうが骨のリン酸カルシウムは溶けやすいため，彼は骨粉を硫酸処理してから撒いたとき，今度はよく効いたので，ローザムステッド内の荘園で圃場試験をはじめた．これがのちに有名なローザムステッド試験場の所以である．彼は試験結果に基づき1842年に過リン酸石灰製造法の特許をとり，製造を開始した．これが人造肥料のはじまりであり，化学肥料の幕開けでもあった．その後，各地から骨が集められたが次第に不足するようになった．しかしその後，19 世紀後半になってアメリカでリン鉱石が発見され，骨にとってかわるようになり，化学肥料として売り出されることになった．

第 24 講

有 機 肥 料

キーワード： 魚肥　油かす類　骨粉　グアノ　堆肥　下肥　緑肥　鶏糞

農業分野から有機物を見ると，肥料でないリグニン系有機材と，肥料としての有効成分を含む有機質肥料に分類され，リグニン系では泥炭や樹皮，有機質肥料では油かすや魚肥肥料などがある．肥料でないリグニン系の用途は土壌改良資材であり，腐植に変化するまでに時間がかかる．この土壌改良資材は土壌中の孔隙を増加する効果が期待されるが，その特性を考慮して堆肥化してから土壌に施用する．肥料取締法からは，有機質肥料は普通肥料と特殊肥料に大別され，土壌中で微生物により無機化されて作物に吸収される．そのため有機質肥料の肥効は緩効性かつ遅効性である．

市販の有機質肥料の種類

油かす：　ナタネやダイズなどの種実から油を搾り取った残りかすを油かすといい，昔から広く使われてきた優良な肥料であり，多く使われているものはナタネ油のかすである．ナタネ油かすでは窒素 4.5%，リン酸 2.0%，カリウム 1.0% が保証されて市販されている．化学肥料と比較して遅効性であるが，窒素含量が多いため他の有機質肥料に比べると効きが速い．土壌中で分解されてアンモニア態窒素，さらには硝酸態窒素に変化してから作物に吸収される．このため好硝酸性作物であるタバコにはナタネ油かすがよく利用されている．また化学肥料よりは遅効性のため園芸用作物にもよく利用される（図 24.1）．

図 24.1　油かす（製造：株式会社東商）

魚肥：　海に囲まれた日本では，古くから用いられた肥料であり，魚かす粉末，干魚肥料粉末，魚節煮かすなどがある．窒素分としては 7〜10% で，以前は窒素系肥料の大部分を占めていたが，生産量は化学肥料に圧されて減少している．特性としては，窒素，リン酸を多く含み，カリウムが非常に少ないことが挙げられる．遅効性かつ持続的な肥料で，土壌に施すと 7～10 日目ごろから効きはじめ 6 週目ごろにピークとなり，その後次第に減退してゆく．このため，速効性の化学肥料との混合で使われることが多い．

骨粉： 骨粉は，獣骨から脂肪，ゼラチンなどを抽出した残りの骨を粉砕したもので，わが国では蒸製骨粉などがリン酸質肥料として利用されている．高温，多雨の気候の所で肥効が高く，窒素 2.0% 以上，リン酸 17.0% 以上，窒素およびリン酸合計量 21.0% が最少量として保証されている．そのほかに石灰分が 29% 含まれ，そのほかに脂肪や硬タンパク質オセインが含まれる．骨粉の主成分はこの窒素分オセインと不溶性の無機リン酸であるリン酸三石灰（$Ca_3(PO_4)_2$）で，オセインは土壌中でアンモニアとなりさらに硝化菌により硝酸に酸化される．細菌の活動などにより有機酸，炭酸ガスなどが生成してリン酸三石灰を溶解して肥効を示す．このため窒素の多いものほどリン酸の分解も早く肥効も高い．骨粉の窒素，リン酸は水に溶けないため流亡の心配がなく，遅効性で肥効の持続性もある．また土壌によるリン酸の吸収固定も少ない．

グアノ： 海鳥糞であるグアノには，ペルーなどに産出する窒素質グアノと，南洋に多いリン酸質グアノがある．窒素質グアノは降雨の少ない地域で窒素化合物が残ってできたもので，窒素，リン酸分に富みカリウムなどの成分も含有しリン酸質グアノより肥料として優良である．一方リン酸質グアノとは，降雨の多い地域でサンゴ礁に堆積したもので，窒素やカリウムが雨で流されたため，リン酸分の組成はおもに不溶解性のリン酸三石灰である．リン酸質グアノの年代を経たものは，グアノ質リン鉱石として過リン酸石灰の原料となる．

自 給 肥 料

自給肥料とは，農家が自前でつくり使用する肥料のことで，堆肥，きゅう肥，下肥，緑肥，鶏糞などがある．

堆肥： 堆肥には，わら，落葉などを堆積するとき，硫安，石灰窒素を添加してつくる普通堆肥と，わら，落葉など，堆肥材料に微生物を加えて堆積する特殊堆肥がある．堆肥にしてから施す理由としては，堆積材料の有機物をそのまま施用すると，分解に際して微生物が繁殖して可溶性窒素を吸収するため，作物にとって土壌中の窒素成分がある時期不足する．また微生物作用により炭酸ガスやメタンなどの発生や有害微生物の繁殖により根に障害が発生するため，あらかじめ有機材料を十分発酵させてから施肥する．また堆肥は発酵途中で 70°C 前後の温度となり有害微生物や病害虫を死滅させることができ，またカリウム以外の不溶性成分を発酵により水溶性にして可給態にするという利点もある．その堆肥は施用後に土壌中で微生物により分解されて腐植となる．このことで土壌の保肥力が増加し，土壌の保水性や土壌微生物が増加する．また土壌の固化を防ぎ団粒構造を改善するのに役立つ．一方，きゅう肥は，家畜糞尿や家畜の敷きわらなどを微生物で分解，熟成させた肥料であり，堆肥とあわせてたいきゅう肥とも呼ぶ．

下肥： 下肥と称される人糞尿は植物の養分として最初に利用された肥料であり，わが国でも長いあいだ利用された．成分を見ると3要素を含んではいるが，リン酸，カリウムに乏しい．現在にあってもいくらかの農家で多少は使用されていることもあるが，回虫など衛生的な点など改善すべき点がある．下肥を用いる場合には，こえだめにたくわえて充分腐熟させてから2〜3倍に薄めて施用する．さらに下肥は食塩を多く含むため，ジャガイモなど多量の塩素で品質が落ちる作物には注意する必要がある．また連用すると土壌が酸性化するので，石灰および苦土を含む肥料の併用が必要である．しかし一般に下肥はアンモニア態窒素のため，石灰の施用でアンモニア臭を発するため同時併用は避けたほうがよい．また水田に用いる場合には全層にすき込むようにしてから数日後に灌水する．

緑肥： 緑葉植物を堆肥化せずに生のまま施用するものをいう．緑肥は，水稲に対して速効性で硫安とほぼ同じ窒素の肥効があり，またリン酸やカリウムの肥効も高く経済的である．また，レンゲソウの場合，水田にすると分解してメタンガスが発生し根の生育を阻害するために早期に施用する．緑肥作物は根が深くまで伸びて養分を吸収するため，表土への養分供給だけでなく底土の改良に役立つ．また緑肥は分解が速く腐植を補給して土壌の性質を改良する．緑肥作物は肥料としては安全であり輪作にも良好な作物であり家畜の飼料にもなる．

鶏糞： 糞と尿の混合で，成分含量は窒素1.6%，リン酸1.7%，カリウム0.8%程度でリン酸が多い．また窒素の約60%は尿酸態であり，速やかに分解してアンモニア態からさらに硝酸態となる．しかし窒素態の半量は分解の遅いものも含む．春先などの追肥では，堆積発酵させて，窒素をアンモニア態に変化させてから施す．鶏糞中のリン酸成分は比較的遅効性で過リン酸石灰と併用すると肥効が高くなる．また鶏糞は，野菜，果樹および花卉類の肥料としても適している．

有機性廃棄物の肥料化

産業廃棄物は肥料として古くから利用され，実際に植物油かす類や魚肥類は元来廃棄物と考えられてきた．化学肥料でも硫安は当初合成硫安が主であったが，現在は製鉄関係の工場など他産業から副産されるものが多く利用されるようになった．このように化学工業の発展によって生ずる廃棄物などの肥料化が試みられ，また都市化の進行に伴って出る有機性廃棄物については，家庭の台所くず，各種工業の汚泥，廃材，樹皮，おがくず，下水道汚泥などがある．これら有機性廃棄物の増大は，埋立てや焼却処分も困難となりつつあり，肥料化への進展が期待される．その中で乾燥菌体肥料，加工家禽糞肥料，汚泥肥料，都市ゴミコンポストなどが肥料あるいは堆肥化資材として活用され，そのほとんどが有機性廃棄物である．

自然界では絶えず物質の循環が行なわれており，以前の農業はもともとこの生態系の中に食糧としての作物の特性を生かした栽培を行ない，その生産物を収穫しつつ不足養分を補う循環型産業であった．人は土地から生産物を収穫して養分を奪うため，自然の生態系は一時バランスが崩れるが，土地からの養分収奪分は，下肥やきゅう肥を肥料として補充して生態系を保全してきた．

現代農業における肥料資源と農業生産性について見ると，窒素の給源は豊富な状態であるが，リン酸資源やカリウム資源は有限である．特に有限なリン鉱石資源の場合，利用年数はあと約 80 年位と推定される．すなわち，リン酸資源も化石燃料と同様に枯渇する危険性があり，資源の利用年数を延長させるためにも，肥料要素の再循環・再利用が必要である．生産された作物は人間によって，また一部は家畜によって利用され排せつされる．その排せつされる 3 要素量を作物の養分吸収量に相当する分，耕地に還元されれば，持続可能な収穫が可能になる．しかし施用には多くの労力が伴うため，現実には循環型農業はなかなか進まない．また海水からのリン酸やカリウムの回収も別の方法として考えられるが，多くのエネルギーが必要になる．

肥料資源に乏しいわが国では，リン酸・カリウム資源の全量を輸入している．しかも排せつ物や廃棄物の処理が不十分なために，河川水，湖沼水の富栄養化の問題を引きおこしている．都市化の進行と下水道のさらなる普及は今後ますますこの問題が大きくなっていくと思われる．生産地の農村から消費地の都市へ栄養成分が一方的に流れこみ，さらには河川水，湖沼水そして海へ流出する．この一方通行的な流れから，栄養分が循環するような双方向システムに改めることができれば，肥料の必要量は大幅に節約でき，また環境保全にも貢献できるはずである．しかし，すべてにグローバルな基準や経済的な面が強調される昨今では，今後も安価なリン酸・カリウム資源の輸入を止めることは難しい．

Tea Time

江戸時代の金肥

日本で肥料が商品として広く取引されたのは江戸時代の 17 世紀後半であり，ヨーロッパでの骨粉からつくられて商品化肥料第 1 号の過リン酸石灰より約 1 世紀遡ることになる．江戸時代のおもな商品化肥料（金肥）は，下肥，植物油かす，魚肥であった．これらの有機質肥料の消費地は江戸，大坂，京の近郊の蔬菜生産地，畿内，東海などの綿作地帯，関東の養蚕の盛んな地であった．日本の水田面積は戦国時代ごろから開発が盛んになり，江戸中期には室町時代の 3 倍に達していた．この急速な開発は肥料の需要増大と，それまで自給肥料の給源であった刈敷の山野をつぶすことになった．また非農業人口の集中する町は，周辺農村の農産物のシンクとなり，また同時に町の人糞尿は農村への肥料ソースにもなった．下肥ははじめは農家に汲み取ってもらうだけであったが，刈敷の不足は下肥の組織化，商品化につながり，江戸では武家屋敷からの汲み取りは特定の農家が行ない，下掃除権という権利ができていた．大阪では17世紀中ごろから町方の下肥仲買人組合ができており，下肥は仲買や問屋を通して農家にわたる流通経路ができていた．町近郊の商業的農業の発展は，下肥の需要を高め，しばしば商品価格の高騰をまねいて，騒動になっている．

下肥の質はその人の食事が反映しており，江戸下肥の品質は上中下の3段階に分けられ，上は大名旗本や大店のもの，中は一般の武家，町屋，下は貧乏な長屋のものであった．よく役に立たないものを人糞製造機などというが，製造機にも格があることになる．一方，ヨーロッパでは都市の下肥が肥料として利用されることはまれで，まして売買されることはなかった．そのため都市の道路や広場の汚れはひどく，これらの対策としてヨーロッパでは下水道がつくられて整備されることになっていった．江戸では100万人の大都市であったが，下水道施設がないにもかかわらず，また糞尿に悩まされた記録もない．16世紀末にわが国に伝道にきたフロイス (Frois) が「この国では糞尿が米やお金で買い取られている」と驚いている．

現在のわが国ではもはやこのような下肥の循環システムがなく，ヨーロッパと同様，植物の栄養としての下肥がなくなったのは本当に喜ぶべきか，疑問ではある．しかしもうもとに戻ることはないであろう．授業での質問票に学生からは「有機肥料に人糞が使われていたと聞き，気持ち悪い」と書かれていた．

第 25 講

複合肥料・土壌改良資材

キーワード：複合肥料　BB 肥料　化成肥料　有機系資材　無機系資材　微生物資材

複合肥料

複合肥料は，肥料の 3 要素である窒素，リン酸，カリウムのうち，主成分がいずれか 2 成分以上を含有する多成分肥料の総称であり，肥料のうちで最も多く利用されており，化成肥料や配合肥料などがこれである．この名称は，1956 年の肥料取締法一部改正以後使用されるようになったもので第 26 講でもふれるが，これら複合肥料の銘柄は 1 万種類をこえている．

複合肥料には施肥回数が少なくてすむことや取扱いやすいこと，土壌，作物に適応した肥料がつくれることなどの利点から現在施用の比重は増大している．その理由は複合肥料の特性にも由来すると考えられ，①高成分，多成分化により輸送，保管，施肥の労力，手間が省ける，②物理的性状がよい，吸湿，固結防止対策がとれている，③各種肥料成分が組み合わされており共存効果が期待できる，④施肥の均一性が保て副成分が少なく土壌への悪影響が少ない，⑤施肥の調節（速・緩・遅効性）と持続性がもたらされる，⑥農家での取扱いが容易となり，地域，土壌，作物ごとの選別が容易になる，などの利点がある．

複合肥料の種類

製造方法，形態などから，以下の化成肥料，成形複合肥料，吸着複合肥料，被覆複合肥料，副産複合肥料，液状複合肥料，配合肥料，熔成複合肥料および家庭園芸用複合肥料の 9 種類に分けられている（図 25.1）．

化成肥料：　肥料 3 要素（窒素，リン酸，カリウム）の肥料を配合したもので，いずれか 2 成分以上の合計量が 10.0% 以上保証されている．原料肥料あるいは肥料原料を用い，なんらかの化学的処理を経て製造され，造粒したものである．化成肥料のうち，高度化成肥料は 3 要素の合計量が 30% 以上のものを指し，30% 未満のものを普通化成または低度化成肥料という．低度化成肥料に有機質を入れたもの

図 25.1　化成肥料と配合肥料（製造：三光産業株式会社）

などがある．

形成複合肥料：　3 要素のうちいずれか 2 成分以上の合計量が 10.0% 以上保証される肥料で，各種原料を混合した上に肥料成分の保持力の高い資材を加えて成形したものである．資材としてはリン酸の土壌固定防止などの効果を持っている木質泥炭，紙パルプ廃繊維，草炭質腐植，ベントナイトまたは流紋岩質凝灰岩粉末のいずれか 1 つを加えている．固形肥料のほか粒径 6〜12 mm の粒状固形肥料もある．

吸着複合肥料：　窒素，リン酸またはカリウムの水溶液を泥炭，ベントナイト，ケイ藻土，ゼオライト，焼成バーミキュライトなどに吸着させたもので，3 要素のうち 2 つの水溶性成分の合計量が 5.0% 以上保証される肥料である．

被覆複合肥料：　水溶性粒状化成肥料や液状複合肥料を各種の非透水性薄膜で被覆し，要素成分が時間をかけて溶け出るよう加工したものであり，3 要素のうち水溶性窒素を含めて 2 成分以上を水溶性成分で合計量 15.0% 以上を保証する肥料である．被覆原料として，ポリエチレン，ポリプロピレン，パラフィンワックス，オレフィン樹脂，フェノール樹脂，松やに，硫黄，大豆油とシクロペンタジエンの共合物，界面活性剤，タルク，ケイ藻土またはケイ石のいずれか 1 つ以上を使用することが認められており，基本的に被覆窒素肥料と同タイプのものである．

副産複合肥料：　アルコール発酵廃液や酵母発酵廃液などを濃縮乾燥した食品工業や化学工業から副産される肥料で，3 要素のうち 2 成分以上の合計量が 5.0% 以上を保証するものである．

液状複合肥料：　3 要素のうち 2 成分以上の合計量が 8.0% 以上を保証する肥料で，懸濁状のものも含まれる．液体のものは葉面散布用，懸濁またはペースト状のものは施肥・田植機用肥料として使用され，葉面散布用のものには微量要素を含むものがある．

配合肥料：　3 要素のうち 2 成分以上を混合してつくる複合肥料で，合計量が 10.0% 以上を保証するものである．原料肥料どうしを単に混合して製造するため，多量に使われている．現在では粒状肥料を原料として配合したバルクブレンド（BB）肥料が多い．有機質肥料を配合した普通配合肥料もある．

熔成複合肥料：　リン鉱石，炭酸カリウムなどの肥料原料を配合して熔融したもので，主成分にク溶性のリン酸やカリウムを含む緩効性複合肥料である．

家庭園芸用複合肥料：　一般家庭で簡便に使用できるよう調整された肥料で，3 要素のうち 2 成分以上の合計量が 0.2% 以上と低いレベルで保証するものである．

上記の化成肥料から熔成複合肥料の 8 種以外の複合肥料で家庭園芸用と表示したもの，一般に，鉢などの小容器を利用した観賞用の花卉や家庭菜園において使用される．

土壌改良資材

土壌改良資材は，土壌の物理性，化学性および生物性を改善するために投入される．わが国の耕地の多くは，その母材の性質が不良であるために一般に生産力が低く，また温暖多雨なために施用成分が流亡損失しやすいという環境にある．そのため，堆肥やきゅう肥，下肥などの有機物の土壌への投与を行なう農業であった．しかし，近年，農家の老齢化による労働環境の変化や，食料や化学肥料の輸入による農業環境の変化により，有機物施用量や耕作地力の低下が進行した．そして，土壌診断に基づく土壌改良などが実施され，各種の土壌改良資材が数多く生産，利用されるようになった．土壌改良資材の種類には，土壌の団粒構造，通気性などの物理的性質改良資材や，肥料の養分を保持する土壌の化学的性質改良資材，そして土壌の有用微生物増加などの生物学的性質改良資材などがある．

有機系資材

有機系資材とは動植物系のものを指し，土壌改良効果としては，陽イオン交換容量（CEC）を増大させて養分の保持力を増大させるとともに，土壌の防固化や，保水性，通気性，緩衝作用，微生物フローラなどを改善して，土壌の改良をはかるための資材であり，おもに以下のものが施用される．

ピートモス： 湿地地帯のコケ類が長年堆積して半ば腐食したものを乾燥させ砕いたもので，性質は腐葉土と似ている．

ニトロフミン酸質資材： 石炭または亜炭を硝酸または硫酸で分解し，カルシウム化合物またはマグネシウム化合物で中和したもの．

きゅう肥： ウシやウマ，ブタ，ニワトリなど家畜の糞尿，下にしいていたわらなどを腐らせてつくったもの．

コンポスト堆肥： 生ゴミなどの有機物をコンポスト容器の中で発酵させ堆肥にしたもの．

バーク堆肥： 樹木の皮の部分（バーク）を発酵させてつくったもの．土壌に混合すると土中の保肥性，保水性，通気性が高まる．また土中微生物のバランスの改善にもつながる．

ほかに，汚泥肥料，貝化石粉末，かに殻粉末などがある．

無機系資材

無機系資材は，おもに以下のものが施用される．成分はケイ酸やアルミナであり，塩基に富むものも使われる．土壌の改良効果としては土壌酸性の中和，塩基類の富化，養分および水分に対する吸着，交換の改善などがある．

ベントナイト：　海底，湖底に堆積した火山灰や溶岩が変質することで出来上がった粘土鉱物の一種．

ゼオライト：　火山活動によって生じた火山灰が堆積し，地殻変動によって大きな変圧を受け生成したケイ酸アルミニウムが主体の多孔質鉱石．

バーミキュライト：　蛭石（ひるいし）を1,000℃の高温処理し，もとの容積の10倍以上に膨張させたもの．

パーライト：　火山岩の内，天然ガラス質（非結晶質）の岩石である黒曜石，真珠岩，松脂岩を原料にして約1,000℃で焼成発泡させたもの．

フライアッシュ：　石炭をボイラ内で燃焼させ，この燃焼により溶融状態になった灰の球形微細粒子．

ほかに，石膏や鉱さいも無機系資材に用いる．

合成高分子資材

合成高分子資材については，ポリビニールアルコール系とポリエチレンイミン系のものがあり，土壌団粒形成促進資材として利用される．また保水性の増加や通気性，通水性など土壌の物理性改善にも役立つ．

微生物資材

微生物資材は細菌，放線菌，糸状菌，クロレラなどの緑藻類などの有用微生物を，培養液や泥炭などと混合したものである．好気性菌と嫌気性菌があり，セルロース，ペクチン，リグニンなどの分解菌や，硝化菌，脱窒菌，窒素固定菌，根粒菌などの窒素代謝菌，乳酸菌，光合成細菌，などがあり，線虫捕食菌なども用いられている．根粒菌について，新墾地や長年にわたる水田作の畑地に転換した場合などに接種する．

微生物資材の施用効果については，堆肥の完熟や病虫害の軽減，連作障害の軽減も期待される．この資材の施用効果は実用段階では，効果の保証など多くの課題がある．堆肥完熟のための微生物資材は土壌改良資材に含めないこともある．

Tea Time

堆肥

食品残渣，厨房からの生ごみの有機リサイクル運動，農地へのこれらの有機物施用には注意が必要である．なぜなら堆肥化施設で1か月以上堆肥発酵させた堆肥を土壌に多量に施用すると生育不良をおこすことが多い．それは通常の堆肥と異なり，可溶性成分が高濃度に含まれているからである．たしかに，生ゴミの焼却処分には莫大なエネルギーが必要で，焼却施設の維持管理費用やダイオキシンの発生など問題点が多い．その点，微生物を利用した生ゴミや家畜糞尿の堆肥化は有効でエコロジーな方法ではある．しかし，十二分に堆肥発酵した牛糞堆肥であれば大量に農地に施用してもよいとはかぎらない．また長年にわたる堆肥連用は土壌の改良にもなると思うことも危ない．これは堆肥に含まれる窒素成分が蓄積されて，連年施用すると分解，放出が重なり，窒素過多になるからである．また堆肥の多量連用では，土中のマンガンを酸化する菌が活発になり，マンガンが不溶化して，Mn 欠乏をおこすことも報告されている．ハウス土耕や養液栽培で，有機質肥料を与えなくともおいしい野菜はつくることができる．有機質肥料や堆肥施用＝美味しい・体によい，無機肥料施用＝まずい・体によくないというフレーズは，科学ではなく信心の範疇である．本書では有機栄養にも力点を置いているが，それはまた別の効用である．またテレビの CM で，米のとぎ汁を鉢にかけているシーンがあったが，困ったことである．とぎ汁は畑地にかけて時間を置くのならいいが，土壌のかぎられた鉢物では未分解有機物が多用となり，有害なピシウム菌などのカビの繁殖するところとなり，根を傷めてしまう．

第 26 講

家庭園芸肥料

キーワード：葉肥え　花肥え　実肥え　根肥え　液肥　活力剤

園芸店にならんでいる鉢物にアンプルが挿してあるのを目にする．この中には活力剤タイプと液体肥料タイプのものがある．また，希釈して用いる液肥も売られている．ここでは，いままでに学んだ植物栄養・肥料の知識を確認し，市販されている家庭園芸肥料について調べてみた．

園芸品種

栽培種にもいろいろあるが，栽培の対象としている植物は，草花にしろ，野菜にしろ品種改良によってつくられてきたものが多い．野生植物と異なり，人間の都合で改良されてきた園芸品種は，大きな花を不自然なまでにたくさんつけるよう改良，選抜を繰り返ししてきたため多くの養分を必要とする．いったん自然から切り離された栽培種は，人手をかけて最後まで育ててやらなければ育たない．肥料を施す場合も，どの植物も同じ肥料を同じように与えればよいわけではない．たとえば園芸種のキクは，長いあいだ改良を繰り返ししてきたため，人の都合のよいように生長速度が非常に速く，また春から秋まで休みなく生長するよう改良されてきた．このためたくさんの肥料を絶えず必要とする．これに対し，野生種に近いサギソウやユキワリソウなどは生育期間も限られ，生長速度もゆるやかで，肥料もごくわずかですむ．

生育段階によって，必要な肥料の成分比率や量も異なる．生育初期は盛んに枝葉を伸ばす栄養生長の段階であり，窒素（N）を多めに与える．そして，花芽をつくる段階になるとリン酸やカリを多めにする必要がある．また肥料を必要とするのは生育期であり，休止期は根の活動もゆるやかで，養分をほとんど吸収しない．この時期に生育期と同じように肥料を与えると濃度障害（肥料焼け）をおこす．植物が弱っている場合も同様で，ほとんど養分を吸わないのに，弱っているからと肥料を与えて，結局植物を枯らすことになる．

肥料取締法では，肥料の保証成分は窒素（N）以外はリン酸（P_2O_5），カリウム（K_2O）のように酸化物表示であり，石灰（CaO），マグネシウム（MgO），マンガ

指定配合肥料生産業者保証票		
肥料の名称	粒状肥料1号	
保証成分量（%）	窒素全量	6.0
	内アンモニア性窒素	3.0
	内硝酸性窒素	2.0
	く溶性りん酸	24.0
	内水溶性りん酸	10.0
	加里全量	9.0
	内く溶性加里	2.0
	内水溶性加里	9.0
	く溶性苦土	9.0
正味重量	320グラム	
生産した年月	欄外記載	
生産業者の氏名又は名称及び住所	株式会社花ごころ製造 愛知県名古屋市港区神宮寺 2丁目1615番地	
生産した事業場の名称及び所在地	株式会社花ごころ製造 国一工場 愛知県名古屋市中川区 下之一色町字波花109番地	

図 26.1 家庭園芸肥料の表示（製造：株式会社花ごころ製造）

ン（MnO），ホウ素（B_2O_3），ケイ酸（SiO_2）の成分％である．水耕栽培や海外表示では元素表示の場合が多く，注意を要する．家庭園芸肥料の表示（図 26.1）では，例えば窒素：リン酸：カリウム＝5.0：8.0：4.5であれば，それぞれ5%，8%，4.5%が含まれることを指す．

肥料 6 要素のための家庭園芸肥料学

窒素（N）：「葉肥え」といわれ，茎葉や根の生長に欠かせない．不足すると葉は小さく，葉色が薄くなり，生長が遅れる．多すぎると，枝葉が徒長し，組織が軟弱になり，病虫害にかかりやすくなる．

リン酸（P）：「花肥え，実肥え」といわれ，花色や実の品質に大きく影響する．不足すると開花，結実が遅れ，花数が少なくなり，実の生育が悪く，茎が細くなる．アルミニウムや鉄と結合して不溶性になりやすい．特に火山灰土ではリン酸の吸着力が大きいので，不足しがちになる．

カリウム（K）：「根肥え」といわれ，植物体を丈夫にする．組織を健康にするため，暑さや寒さへの抵抗力を高める．不足すると倒れやすく病虫害にかかりやすい．

カルシウム（Ca）：植物体を丈夫にする．細胞壁の維持に必要で，不足するとキャベツの芯腐れやトマトの尻腐れになりやすい．

マグネシウム（Mg）：光合成の葉緑素の構成元素であり，不足すると下葉が落ちやすい．

硫黄（S）：根の発達などを助ける．日本の土壌では欠乏することはほとんどない．

家庭園芸での施肥の鉄則は一度にたくさん施さず，生育を見ながら与えることである．

有機質肥料

化学合成による無機質肥料（化学肥料，化成肥料）に対して，動物や植物に由来する原料でできている肥料を有機質肥料という．おもな有機質肥料には以下のものがある．

油かす：　N：P：K=4.5：2：1とNが多い．菜種かすや大豆かすなど油をしぼったかすを精製したもの．肥え当たりをおこすことが少ない遅効性肥料で，骨粉などと混合して用いることが多い．

乾燥鶏糞：　N：P：K=3.8：4.8：2.5とリン酸が多く，遅効性で花卉などの元肥えに使う．

骨粉：　N：P：K=2.0：21.0：0と典型的なリン酸型肥料で元肥えとして使われる．また油かすと混ぜて使う．

魚粉：　N：P：K=9.0：5.0：0と窒素が多く，農業には油かすと同様に古くから使われてきた．

米ぬか：　N：P：K=2.5：5.0：1.0と比較的リン酸が多い遅効性肥料．堆肥づくりの際に混ぜて，発酵を促進させるためにも使う．

草木灰：　N：P：K=0：3.0：7.5と速効性のアルカリ型カリウム質肥料のため，pH調整にも利用する．

発酵油かす：　油かすに骨粉，米ぬか，魚粉などを混ぜてN：P：Kがほぼ同量になるよう調整されている．発酵処理のため有機質肥料の中では速効性であり，やりすぎに注意．

長所と短所：　有機質肥料は肥やけをおこすことが少なく，肥効が持続する．またN，P，Kの3要素以外の微量要素も含んでいる．そして，土壌微生物が活発となるため，土壌の団粒構造が保持される．しかし，虫がわきやすく室内で使いにくい．また生の有機質肥料では根を傷めることがある．

有機配合肥料

配合肥料とは，数種類の肥料を混ぜ合わせたものであるが，一般に配合肥料とは遅効性の有機質肥料を主に速効性の無機肥料を配合したものが多い．特に油かすと骨粉をベースに，化学肥料を加えたものが「草花用配合肥料」「野菜用配合肥料」として幅広く家庭園芸肥料として利用されている．一方有機入り化成と呼ばれる肥料は，無機原料をベースに有機質肥料を加えて粒状に加工したものであり，追肥用や元肥え用の製品がある．

化学肥料と化成肥料

無機物を原料とし，化学合成して作られた肥料を無機質肥料として，有機質肥料と区別される．化学肥料と化成肥料は混同されやすいが，化学肥料とは，窒素，リン酸，カリウムの三要素のうち1つの成分のみを含むものをさす．尿素（N），硫安（N），過リン酸石灰（P），硫酸カリウム（K）などで単肥ともいい，もっぱら施肥設計を行なう生産農家向けの肥料で，家庭園芸ではふつうは使われない．これに対し，同じ化学合成でつくられるが，3要素のうち，2成分以上を含むものが化成肥料であり，複合肥料ともいう．

化成肥料には，普通化成と高度化成があり，窒素，リン酸，カリウムの総含量が30％以下のものを普通化成または低度化成といい，30％以上のものを高度化成という．家庭園芸では普通化成がよく使われる．

化成肥料は無機質であり，本来は水に速やかに溶けて根から吸収される速効性肥料である．有機質肥料と異なり，肥効が長く持続しないという性質がある．そこでゆっくりと肥効が現れるよう工夫された化成肥料がある．これを緩効性化成肥料という．本来の速効性を緩効性に変える方法には大きく2種類あり，ひとつは，粒状肥料の表面を樹脂などでコーティングすることで，溶け出る速度を下げる方法である．コーティングする樹脂の性質や厚みを変えて持続時間を調節するこの肥料はコーティング肥料と呼ばれている．もうひとつは，化学的性質を水に溶けない化合物にしておき，植物が出すクエン酸などの有機酸によって加水分解されて，はじめて肥効が現れるよう工夫したもので，この有機酸で溶ける性質からク溶性と呼ばれる．市販の化成肥料についている保証票には，保証成分量（％）が記載されている．たとえば「リン酸全量 10.0，ク溶性リン酸 6.0」であれば，「水溶性（可溶性）リン酸」が 4.0％，水に溶けない「ク溶性リン酸」が 6.0％ということになる．

速効性肥料が追肥に適しているのに対し，緩効肥料は元肥に適した肥料であり，家庭園芸には欠かせない肥料として，最初に鉢に植物を植える前の用土をつくるときに用いる．

液　　肥

液体肥料には，原液や粉末を水で薄めて使うタイプとそのまま使用するタイプがある．最近は有機質を原料とした有機液肥も市販されているが，ほとんどが無機質肥料であり，その中でも液肥は複合肥料，すなわち化成肥料の一種である．液肥の効能は，まず超速効性でしかも洗い流されると効果は速やかに停止することである．これはある時期ポイント的に栄養を注入したいときに適した肥料であり，ペチュニアなどの開花期間の長い草花鉢物で，肥料切れして花色が薄くなってきたり，花が小さくなってきたときに液肥を与えると速やかに回復する．希釈する場合は，ビンの説明にしたがって行なうが，濃すぎると障害が出やすい．むしろ説明より薄く希釈して，こまめに水代わりに与えるほうがよい．

施肥のタイミング

施肥を行なうタイミングは，植物が無機養分を欲しがっているときである．それは，根が盛んに活動している時期であり，葉や茎も生長の盛んな時期でもある．よく施肥を定期的に行なったり，植物が元気でないときに行なったりするが，これは間違いである．よく鉢物を枯らしてしまう人は，肥料を与えすぎていることが多い．ヒトの栄養には，無機分もあるが，細胞内でエネルギーを生み出す炭水化物や脂質が必要であり，寝ていてもエネルギーを消費する．植物ではエネルギーは光から得，植物を構成する物質は水と二酸化炭素からつくりだすため，休眠状態では無機分は必要ないことになる．植物は動物と異なり，腎臓もないため無機分が尿として出て行かない．体が大きくなる生長期に，N，P，K，Ca など必須元素を必要とする．

活 力 剤

よく鉢物に挿してあるアンプルを液体肥料と間違えてしまうことが多い．これは肥料に関する法律からすると肥料に分類されない，微量必須元素（微量要素）が薄く溶け込んでいる活力剤である．微量必須元素の生理的役割は，第13，14講に述べた．畑地栽培ではふつうは土壌に含まれるため必要ないが，鉢物や水耕栽培では不足することがあるため加えられる．

最近は，微量要素を含むだけでなく，少量の肥料成分も入ったアンプルもあるがこれも法律に基づく肥料には分類されない．しかし，肥料をベースに微量要素入り肥料や活力剤入り肥料も市販されており，これは肥料である．

また，植物エキスの有機成分の活力剤（図26.2）も出回っているが，これも肥料には入らない．この成分の生理的機能はよくわからないが，とにかく元気になるということで市販されている．

図 26.2　活力剤アンプル（製造：コーナン商事）

Tea Time

水やりのコツ

鉢への水やりは，昔から「水やり３年」といわれるくらい注意のいる仕事である．やりすぎて弱らせるか，ほっておいて枯らすか，どちらかが多い．土にじかに植えてある観葉植物は，ふつうは水を長期間やらないでも枯れることはない．同じ植物でも鉢物は水をやらないとすぐにしおれてくる．不思議な気もするが，長く雨が降らなくても，土の中では地下から毛管現象で水が絶えず上昇している．水やりのコツは，一定の間隔を置いて，鉢内で乾湿を繰り返すことが大切である．たっぷりと水をやり，根から十分な水と養分を吸わせる．つぎに乾かして根に十分な酸素（空気）を吸わせる．いつも土が湿っていると酸欠になり，根腐れになりやすい．たいていの植物は水が八分通り乾いたら，たっぷり鉢の下から水が流れるくらい与える．では八分の乾きをどう判断するか．

- 鉢土の表面を手のひらで当ててみる：　乾いていたら水やり，湿っていると感じたらまだ．
- 鉢底をチェック：　鉢土の表面が乾いていても，底が十分湿っているならまだ．
- 素焼き鉢では側面に手と当ててみる：　鉢土の表面が乾いていても，ひんやりしていたらまだ．
- 萎れぐあいをチェック：　葉がぐったりと柔らかいときには水やり．
- 鉢の重さをチェック：　水をやった直後と十分乾いたときの重さを手で持って覚えておく．

植物栄養学における水ストレスの実験では，倍土にバーミキュライトを使うことが多い．バーミキュライトはよく保水するからである．まず学生に以下の質問をする．

問い：　黒いビニール鉢に 50 g の乾燥したバーミキュライトを入れ，そこに数種類の植物を播種してから鉢底から水が流れ出るくらいにたっぷりと水をやる，発芽した後は，毎日水やり後の保水量をだいたい水ストレスのかかる保水率 20%（八分の乾き）にする簡便な方法を考えよ．ただし発芽した植物の重さは無視できる．

答え：

①バーミキュライトの体積当たりの重さを量る（0.135＝50 g/370 m*l*）．
②黒いビニール鉢（6 g）に 50 g の乾燥したバーミキュライトを入れ，たっぷりと鉢底から水が流れるくらいに与えてから重さを量る（230 g）．
③与えた水は 174 g とわかる．
④発芽後，鉢の重さを量り，重さが 91 g をきったら，足りない分の水を与えて 91 g にする．このとき水は 1 g/m*l* として，メスシリンダーを用いて容量で与える．

第 27 講

ハウス土耕 I

キーワード：保水性　通気性　気相診断　湿度管理　土の比重
堆肥マルチ

野外と異なりハウス栽培で有利な点は，温度・湿度の管理が容易なことである．いままでに学んできた水，土，肥料の応用編であり，再度出てくる植物栄養のポイントを確認しながら，ハウス栽培のコツを理解したい．

ハウス内の土壌

土から養分を吸収するには水管理が重要である．養分の溶けている水を土壌溶液という．土の中の土壌溶液は重力で下方に流れたり，毛管現象で上に吸い上げられたりして常に移動している．その移動は土壌の乾燥の度合いによる．水が十分あれば肥料養分が溶け出して，根からの吸収が容易となるが，空気（酸素）不足になりがちとなる．乾燥してくると，空気が十分供給されて根の呼吸は活発となるが，養分の溶け出しが少なく，吸収しにくくなる．また土壌溶液中の溶質濃度が高まり，根に障害をもたらすことがある．この両方を調和させるには，土壌の物理性，すなわち，保水性と通気性を兼ね備えた土つくりと水やりである．

保水性がよいだけでは，養分を十分吸収できるとは限らない．根から養分吸収には呼吸からのエネルギーが必要であり，まわりに新鮮な空気がないと，根は呼吸活動ができずに養分を吸収できない．また養水分の吸収は根のうちでも盛んに伸びている細根の先端付近と，そこから出る根毛であるが，特にリン酸やカルシウムなど，作物が健康に育つ養分を積極的に吸収する．土に酸素が少ないと，細根，根毛が発達しない．水耕では根毛がないのはこのためである．しかし，細根，根毛は乾燥にも弱い．

土壌の間隙

土の中の水と酸素は一方が多くなると，もう一方が少なくなる関係がある．すなわち保水性と通気性は矛盾する面があるが，この矛盾を解消できるのがよい土である．その解消する働きは，土の中のすき間（間隙）である（図 3.3）．土には様々な大きさの間隙があり，大きな間隙の水は下方に流れ去り，そこには土壌表面から新鮮な空気が供給される．一方，小さな間隙の水は毛管現象で長期間保持されて根毛に水を供給できる．そのため大きな間隙の湿度が100%となり，根を乾燥から守ってくれる．すなわち大きな間隙と小さな間隙とがバランスよくまざっている土が植物によって良い土である．このような土では保水性と通気性を両立させ，水と酸素の根への供給を安定させる．このような状態を毎日持続させることで，養分が十分に吸収でき作物の収量・品質が高まることができる．さらには，発芽時は水を多めに，栽培後期には乾燥ぎみにして，土中の酸素を多めにすることで作物の味をよくする工夫がハウス栽培では容易となる．

土壌水分と大気湿度

水と酸素との関係では，ハウス内の大気湿度管理も重要である．大気湿度は施肥効果に大きな影響を及ぼす．土中の空気とハウス内の大気はつながっている．

そして土中の水分と大気湿度もまた連動している．大気の湿度が下がってくると，土壌から水分の蒸発が盛んになり，土は乾燥するが，その分大気の湿度は回復する．このような水，水蒸気の循環はハウス内でおきており，作物の養分吸収に大きく影響する．特に日中のハウス内の湿度が20〜30%に下がると，土から水分が失われ，ナトリウムやカルシウムの土壌溶液の溶け出しが低下し，根への養分吸収が著しく低下することになる．また作物に接する大気の乾燥は，アブラムシ類やスリップスなどの害虫が発生することになる．一方，夜間のハウス内では湿度は90〜100%近くになり，その状態が持続すると，窒素が優先的に吸収されて作物が軟弱に育ち，またカビなどの病気が発生しやすくなる．

養分吸収と体内移動

作物の養分吸収と移動も大気の湿度変動で大きく変わる．養分吸収には，根の呼吸エネルギーとともに，葉からの蒸散による水の吸収移動に深くかかわっている．大気の湿度が下がると，ケイ酸などの養分吸収が促進されるが，日中の温度上昇によるさらなる湿度低下がおきると，植物の乾燥防御機構が働き，気孔が閉じる．この気孔閉鎖では，養分吸収のみならず光合成もストップする．逆に湿度が高すぎると，葉からの蒸散がおこらず，養分の移動がうまくいかない．この結果，根と葉の養分バランスが崩れて作物の生育が抑えられることになる．

ハウス内の最適な湿度管理

養分の吸収と光合成には，土中の水分のみならず大気の湿度管理が重要となる．作物の最適な湿度は作物にもよるが，日中で50〜60%か60〜70%であり，この湿度が管理目標となる．このための方法として，ハウスの開閉による換気・通風・保温，遮光，マルチ，灌水，ペットボトル吊りによる蒸散水の供給，作物の茂り具合などがある．最適な水管理を，土と水と空気の割合では，気相率24%（16～30%）で土の比重1.0付近に持っていくために，湿度管理が重要となる．

気　相　率

気相とは，土中の空気のことであり，砂，粘土や有機物などの固体が固相，水が液相でこれの3つの割合が三相分布であり，体積比を示す（図27.1）．三相分布は，土壌の通気性や保水性などの物理性のよしあしを表す指標であり，固相率40%，液相率30%，気相率30%がよい土壌の指標であると一般にはいわれている．固相率が変わらない土壌であれば，液相率と気相率は表裏の関係であり，土壌の水分状態を気相率で表すことが多い．ハウスでは，気相率24%を中心に，発芽や生育前期の多めの水分が必要なときは16%，乾きぎみの作物や生育時期では30%にする．

土の比重

気相率を24%にした場合，比重1.0（g/ml）にすることで，作物にとっては生育しやすい環境を調えることができる．土の比重には①容積重（固体，液体，気体込みで，灌水後に重力水が流れ去ったときの状態），②仮比重（液体を除いたもの），③真比重（固体のみ：土の平均真比重は2.6）があるが，通常は①容積重を土の比重とする．たとえば，日本に多い火山灰土壌は，比重が0.8くらいで，リン酸を吸着して作物を育てるには扱いにくい．これは比重が小さいため，気相率が高く，乾きやすくリン酸が溶け出しにくいことが理由である．そこで，水分をたっぷり与えてから鎮圧（土に上から圧を加える）してやり，比重を1に近づけると，リン酸が溶け出してくる．また，粘土質の土壌や土壌改良剤，堆肥を施して，比重を1に近づけることも有効である．

土の気相診断

土を100 ml採取する採土リングとフライパン，卓上ガスコンロを用意する．採土リングを押し込んで採取した100 mlの土で生土の重さを量り，比重を計算する．次に土をフライパンで熱して水を飛ばして，三相分布を計算するが，調べる土の真比重の値が必要となる．簡便な方法としては，採取した土を握ってみて土の固まり具合と気相率の関係を手のひらの感触で覚える方法で，覚えておくと便利である（図27.2）．

土を親指で押し込んでみて，耳たぶの硬さが比重1.0，気相率24%くらいである．スポッと指が楽に入るのは比重0.8で気相率が高すぎるし，硬く締まって，指が入りにくいのは比重1.3で気相率が低すぎである．また土表面のカビの色でも見

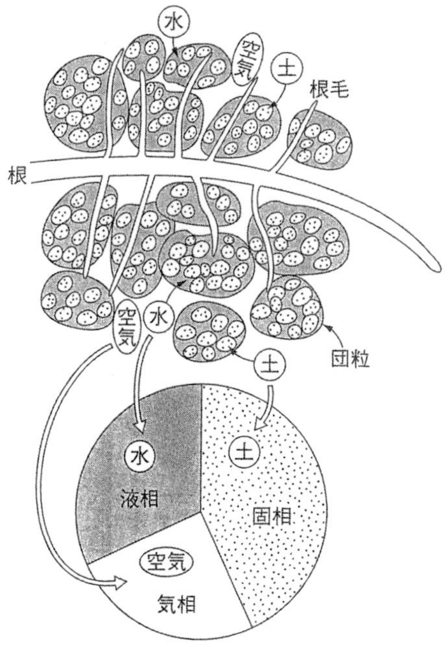

図 27.1　三相分布（武田，2006）

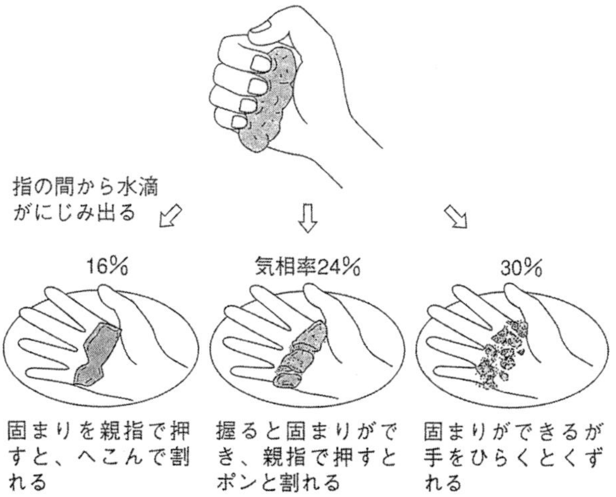

図 27.2　手で覚える気相率（武田，2006）

分けられる．①赤いカビでは乾きすぎで気相率 40% 以上，②白いカビでは適度の 20〜30% の気相率，③青いカビでは湿りすぎで気相率 10% 台である．

堆肥マルチ

良質の完熟堆肥は，小さな孔隙（保水性）と大きな孔隙（通気性）をバランスよく保持しており，これを土壌表面にマルチすると，灌水したときに堆肥が水を貯め込んで，スポンジのようにじわじわと土に水を供給してくれる．マルチとは「根をおおう」という意味で，作物の生育中に，根を守るために有機物を表面施用し土をおおうことをいう．作物の根はこのマルチの下に伸びてきてから，下層や横にも伸びてしっかりとした根系をつくる．またマルチ周辺では微生物やダニ，ミミズの活動が活発で，有機物の分解による腐植化や団粒化が盛んで，土そのものも堆肥マルチをもとに下層へ土の改善がすすむ．堆肥マルチは土中への水分供給のみならず，ハウス内の大気への水蒸散を安定的に行なう役目も果たす．

Tea Time

生ごみ堆肥化実験

落ち葉や動物の糞などの有機物は，土壌微生物や土壌動物の働きで，分解されて植物の養分として再利用される．生ごみから堆肥をつくり，そのコツを学ぶ．

実験材料： 畑や庭の土，野菜屑や残飯などの生ごみ，ペットボトル（2 l の角型の上部を切り取ったもの，ひも，ガーゼ，割り箸，温度計，新聞紙．

手順：

①生ごみの水気を切り，細かくきざむ．
②土をペットボトルに入れて 2〜3 cm の厚さに底にひく．
③新聞紙の上で土と生ゴミを混ぜ，ペットボトルに入れる．
④その上にさらに土をペットボトルに入れて 2〜3 cm の厚さにひく．
⑤虫の侵入を防ぐため，ペットボトル上部をガーゼでおおい，ひもでしっかりと縛り，日陰で保存する．
⑥１日に１度，割り箸でペットボトルの中身をかきまぜながら２週間ほど観察し，ときおり温度計を差し込んで温度を測る．

結果： 生ゴミには数日で白いカビが生えはじめ，数週間もすると黒っぽくなってくる．その後，サラサラした状態（腐植）になり土と見分けがつかなくなり，堆肥ができる．腐植質とは有機物が土の中で分解してできる黒い色の物質である．

堆肥化の過程で温度が上昇するが，微生物が分解するときに熱が発生するからである．この発熱でさらに加速度的に分解が進む．このときにはカビたような臭いがするが悪臭ではない．

コツ： 生ごみの水切りが悪いと，悪臭がしてくる．これは水分過多の状態で，汚い池の水の底から出る硫化水素やアンモニアの混じった臭いで，還元状態になっている．よく水を切り，空気が通りやすくするのがコツである．

第 28 講

ハウス土耕 II

キーワード：湿度管理　EC　CEC　養分バランス

ハウスの現場での施肥を学ぶことで，いままでの植物栄養学ではピンとこなかった基礎の植物栄養の知識が見えてくる．また経営の観点から，高品質の収穫物，低い経費，リーズナブルな価格を達成するためにも，植物栄養学を応用することがポイントであることがわかる．

高品質な作物のためのハウス管理

湿度管理が重要であることは前講で述べた．イチゴの場合，果実肥大に適した湿度 60% を中心に管理することがポイントである．ふつう灌水は考えても湿度など意識していない．そのため，日中の温度が上昇するときに換気しているため，湿度はそのときは 20～30% と乾燥状態になる．意識的に湿度を高めに管理する方法をとることが重要である．そうすることでイチゴの葉が大きくなり，品質や味の低下をおこす成り疲れがなく，大玉で糖度の高い生産の持続が実現する．このときの施肥は窒素と石灰のコンビが重要であり，窒素だけでも葉と株は大きくなるが，軟弱で病気にかかりやすい．石灰をあわせて施肥することで，花のガクを大きくし，果実の細胞を増やして大きくて美味しい果実をつくるための葉と樹ができる．

ハウス内の湿度で，土の気相率も養分吸収も変わる．作物の生長が盛んになるのが湿度 60～70% の条件である．この条件の湿度では，土壌中の気相率が 24～30% に安定して窒素と石灰の吸収が盛んになる．湿度が高すぎると，葉からの蒸散が止まり，養分の吸収と移動が進まないし，灰色カビ病などが発生する．また湿度が低いと土の気相率が上がり，養分吸収が抑えられる．また作物は乾燥を防ぐため気孔を閉じるので，光合成も養分移動も止まる．

適温と適湿

水蒸気とは目に見えない気体であり，空気に溶けうる量（飽和水蒸気量）は温度が高いほど多くなる．10°C では 9.4 g/m^3 であるが，25°C になると 23.1 g/m^3 にある．このことは 10°C で 100% 飽和の水蒸気量でも，温度が 15°C 上がって 25°C

になると41%にまで下がる．また20°Cで60%の適湿でも15°Cに下がると95%の過湿状態になる．イチゴやトマトでは果実を肥大させる適湿は60%前後であるが，開花では40%くらいが好ましい．一方キュウリやナスでは生長・果実肥大期では60〜70%が適湿であり，これまでのハウス管理からみると高いが，光合成の盛んな日中では，この条件がよい．ハウス内の温度が上がる日中で，換気することで，湿度が下がりすぎることに注意が必要である．ハウス内に温度・湿度計を置いてこまめな温湿管理が望まれる．温度では，換気と寒冷紗，湿度では堆肥マルチ，灌水などを組み合わせることで適温，適湿にするよう心がける．ハウス内にバケツを置いたり，ペットボトルを吊り下げる方法も加湿に有効である．ビニールマルチでは，土の中が過湿状態になりやすく，また土壌からの蒸散が妨げられてハウス内が乾燥ぎみとなるため堆肥マルチがおすすめである．

病虫害と湿度

病害虫の発生は，低湿度タイプと高湿度タイプに分けられる．低湿度では害虫やウドンコ病，高湿度では葉カビ病，灰色カビ病，褐斑病，べと病，菌核病が挙げられる．このため，湿度100%の過湿や50%以下の低湿にしないことが病虫害対策として重要となる．

塩濃度障害

ハウス栽培では，どうしてもハウス内の温度上昇で乾燥状態となり，肥料として与えた塩類が過剰となり，濃度障害がおきやすい．あるハウスではホウレンソウ栽培で，ふつうは年に8回は作付け，収穫ができるのが，濃度障害のため年に4〜5回になっていた．しかも葉の液胞に硝酸塩が貯まり，ゆでると苦味，えぐ味のあるホウレンソウになっていた．土壌分析するとEC（電気伝導度）は4.8 ms/cm（通常は0.4〜0.6）にも達し，硝酸態窒素が78.8 mg/100 g（通常は10〜15）も含まれていた．窒素過多のために葉が軟弱で，病虫害にもかかりやすい状態である．この場合には，生育不良のみならず，発芽が不ぞろいになるためにさらに収穫量がおちる．収穫が思わしくないため，さらに施肥量を増やして悪循環となって塩類がさらに集積する結果におちいる例がハウス栽培農家には多い．

この塩類過剰状態は土壌そのものに原因があるわけではなく，水管理・湿度管理に問題がある．三相分布では気相率が35%をこえ，明らかに乾きすぎである．また灌水も頭上散布1日5分であった．またハウスは朝蒸し，日中乾燥の換気を行ない，晴れれば日中は25～35%くらいにまでなっていた．

水 管 理

栽培前の土壌改善方法： ①積極的灌水を行ない，気相率を16%にまで下げる多量灌水による土壌栽培層の塩類除去（ECの引き下げ）で塩分を土壌下層に移動させる，②良質堆肥の施用で，気相率24%の場合に比重1.0になるよう調整，③適湿管理を行なう．実際には，まず耕うんして土壌を乾燥させる．そこに大量の灌水を行い除塩する．次に堆肥を施肥して，気相率を16%にまで下げてからホウレンソウの播種を行い，発芽を揃えて生長するにしたがい，気相率24%で適湿管理することである．

ECとCEC

EC（電気伝導度：electric conductivity）は土壌溶液にイオンの形で溶けている養分濃度を示し，CEC（陽イオン交換容量：cation exchange capacity）は土壌の養分保持力（図28.1）で，両方の関係が土壌診断では重要である．

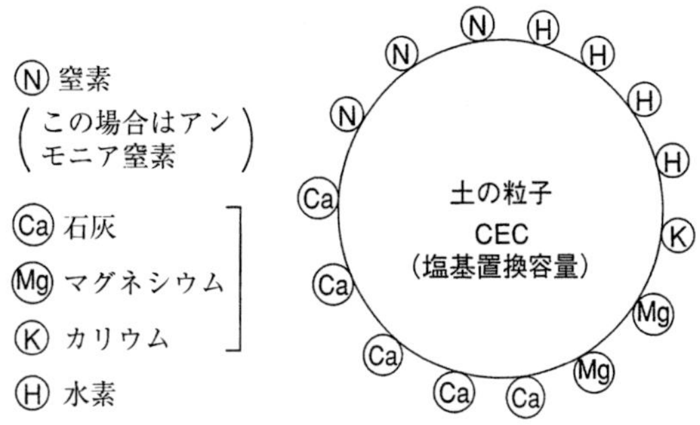

図28.1 土のCEC（武田，2006）

作物栽培の土には，養分を保持しつつ作物が土壌溶液中の養分を吸収するにしたがい土壌溶液に養分を供給するという役割がある．この保持する能力は，腐植と粘土からなる土壌粒子（コロイド）である．このコロイド表面はマイナスに帯電し，カチオンであるアンモニア態窒素と塩基であるCa^{2+}，Mg^{2+}，K^{+}を吸着保持している．この保持能力がCECであり，単位はme/100g（ミリグラム当量）である．CECの大きさは，その土壌にどれだけの肥料を与えることができるかの器の大きさを表し，この器をこえて大量に肥料を施すと，土壌溶液に塩類が大量に溶け込み，塩類障害を引きおこす．CECの大きい土はECが高まりにくい．CECの高い土壌は，コロイドをつくる完熟良質たい肥と高いCECを持つ粘土鉱物からできている．

Tea Time

養分の貯蔵庫――土

粘土は表面積が大きくまたマイナスに帯電している．このため，畑地の土はアンモニウム，カリウム，カルシウムなどのイオンが吸着している．実験で確かめてみることができる．

実験材料　畑地の土，砂，漏斗，ビーカー，ろ紙，0.1 M 硫酸アンモニウム，0.1 M リン酸三ナトリウム，0.1 M 塩化カルシウム

・硫酸アンモニウム溶液とリン酸三ナトリウム溶液を当量混ぜる…変化なし

・塩化カルシウム溶液を数 ml，リン酸三ナトリウム溶液に混ぜる…白濁する

・漏斗にろ紙をひき，砂を入れてから，硫酸アンモニウム溶液を濾過する．次にそのろ液に 0.1 M リン酸三ナトリウムを加える…変化なし

・漏斗にろ紙をひき，畑地の土を入れてから，硫酸アンモニウム溶液を濾過する．次にそのろ液に 0.1 M リン酸三ナトリウムを加える…白濁する

これは，畑地の土から硫酸アンモニウムとは別の何かが，ろ液に出てきたことを意味しており，実際にはカルシウムイオンが出てきている．土の中の粘土や腐植酸が吸着していたカルシウムが，硫酸アンモニウムのアンモニウムイオンとイオン交換で粘土や腐植酸から離れて溶出したためである．カルシウムイオンとリン酸イオンは不溶性なリン酸カルシウムとなって白く濁るのである．

イオン交換は，イギリスのトンプソン（Tompson）とウエイ（Way）により1850年代に見いだされた現象であるが，当時は，有機化学の父と呼ばれ植物の無機栄養説を唱えたリービッヒ（Liebig）でも，そのことを信じようとはしなかったそうである．

---

pH

pH は酸性障害という面のみならず，CEC と塩基飽和度から考えると，わかりやすい．映画館の座席で考えると座席数が CEC であり，座っている人/座席数が塩基飽和度である．空いている席には水素イオンが座っている．空いている席が多いほど pH が低い（酸性）．塩基飽和度の低い土は酸性であり，塩基飽和度が 60% なら pH 5.5 程度である．pH の管理上，窒素と石灰の両方の施肥で行なうとよい．pH が 8.0 くらいの完熟堆肥マルチの上から肥料（pH 5.5）を施すと，土壌表面は pH 6.5 程度になり石灰やリン酸が吸収しやすい条件になる．

窒素と石灰

最近までは，肥料の 3 要素の N，P，K の施肥を考えていたが，これからは，品質，収量そして健康な作物をつくるためにも Ca を加えた 4 要素の施肥が重要である．Ca は大きくて丈夫な葉と茎をつくる．CEC のうちカリウムやマグネシウムの占める分を差し引いた分をすべて窒素で満たさずに，窒素と Ca のバランスのよい施肥にこころがける（図 28.2）．

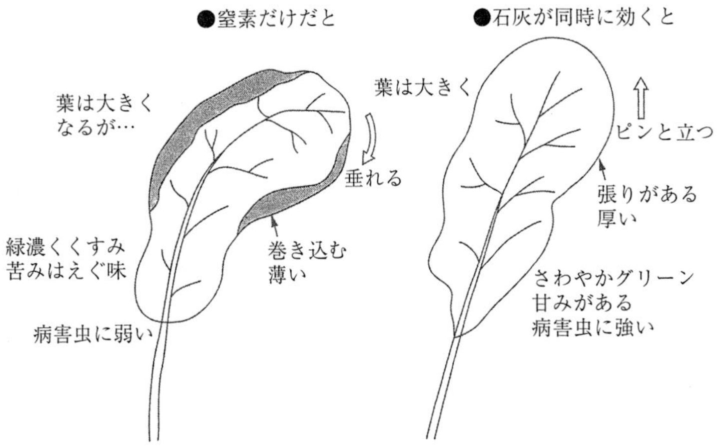

図 28.2　窒素と石灰効果（武田，2006）

それぞれの養分の働き

窒素：　植物体を生長させる基礎的枠組みであり，収量，品質を高める．

石灰：　窒素による生長を支えるとともに，活力や健康を維持する．また花や実の発達する基礎をつくる．

リン酸：　細胞分裂と，呼吸，光合成の代謝に関与し作物の体質を強化する．健康な根をつくり養分吸収を助け，花や実の形成を助けて果実発育のもとをつくる．

カリウム：　タンパク質や炭水化物の生合成や気孔開閉にかかわる蒸散に関与する．また実や根の肥大を促進して耐病性を増す．

マグネシウム：　葉緑素の構成要素であり，光合成の基礎である．また体内でのリン酸の移動や利用にも必要．

バランスのとれた養分施肥

土の養分保持力 CEC をまず，測定する．次に CEC に占める石灰，マグネシウム，カリウムの合計値の割合（塩基飽和度）を設定する．たとえば，塩基飽和度は果菜類では 80% が多く用いられる．石灰，マグネシウム，カリウムの mg 当量比（塩基バランス）は 5：2：1 がよい．CEC が 100% カチオンで占めた場合には，塩基飽和度 80% とし残りの 20% を窒素が占めると，石灰：マグネシウム：カリウム＝50%：20%：10% となる．またリン酸が施肥で過剰に留まっている場合はマグネシウムを多めに施肥することで，リン酸の吸収を助けることも多い．要は，窒素，石灰，マグネシウム，カリウム，リン酸のバランスのとれた施肥が重要となる．

汁液はわき芽や葉，茎のしぼりだしたもので，作物の栄養状態の診断のための重要な手段で，汁液分析という．屈折計による汁液濃度測定はよく用いられる．

Tea Time

えぐ味のある葉野菜

本講の塩濃度障害にも出てきたが，ホウレンソウなどの葉では硝酸が高濃度になることが知られている．まず，硝酸が葉に貯まりやすい条件として，硝酸系肥料の投与が挙げられる．実野菜と異なり，葉野菜は窒素肥料を多めに与えると，ぐんぐん大きくなる．また硝酸はカリウムなどとともにぜいたく吸収と呼ばれ，土中に硝酸が多くあると，根から積極的に吸収して葉の液胞にセッセと貯える．液胞に貯めるものとして，硝酸，カリウム，リン酸，硫黄（硫酸イオン）などで，どれも多量必須元素である．植物は移動できないため，多量に必要な要素のぜいたく吸収は，いざというときのための貯蓄である．

次に硝酸が葉に貯まりやすい条件として，朝の収穫がある．日中は液胞の中の硝酸は持ち出されて，アンモニアに還元されてからアミノ酸に同化されるため，葉中の硝酸は減っている．しかし，夜には根から吸収されて液胞に貯められるため，朝方の葉の硝酸濃度は最高となる．そのため，高濃度の硝酸を含むホウレンソウなどの葉野菜は，ゆでてから食べたほうが無難である．どの葉野菜も高濃度の硝酸を含むわけではないが，消費者にはなかなか区別がつかない．

摂取された食物中の硝酸イオンは胃と小腸から速やかに吸収され，唾液腺に分泌される．唾液腺から直接採取した唾液には，硝酸イオンのみで亜硝酸イオンは含まれてないが，口腔内に分泌されると唾液中の亜硝酸濃度は上昇する．このことは，口腔で硝酸イオンが亜硝酸イオンに還元されている事を示している．亜硝酸は強酸性の胃の中で，魚や肉に含まれるアミンと反応して，発がん性のニトロソアミンになるため，要注意である．

第29講

養液栽培

キーワード：水耕　NFT　DFT　ロックウール

養液栽培とは，培地として土を用いずに，作物の生育に必要な養水分を，水に肥料を溶かした液状肥料として与えて栽培する方法をいう．この方法の利点は，土のないところでも栽培が可能になることであり，言い換えると，土壌病害や塩類集積，連作障害を回避できること，土壌での栽培の際の労働，たとえば耕起や除草などを省き，施肥をシステム化，自動化できることで労働の軽減，作業姿勢の改善を実現できること，そしてなによりも畑地管理のわずらわしさから解放され精神的に楽になることが挙げられる．これ以外にも培養液を閉鎖系にすることで，環境負荷を軽減できることや収穫の安定化，労働時間の平準化など様々な利点がある．

養液栽培の範囲

養液を使う液肥栽培には，培地に土壌を使う養液土耕と，土から離れた養液栽培があり，養液土耕では，液肥はN，P，Kのみであるのに対して，養液栽培では通常は必須要素すべてを含んだ液肥を使用する．本講では，もっぱら養液栽培につい

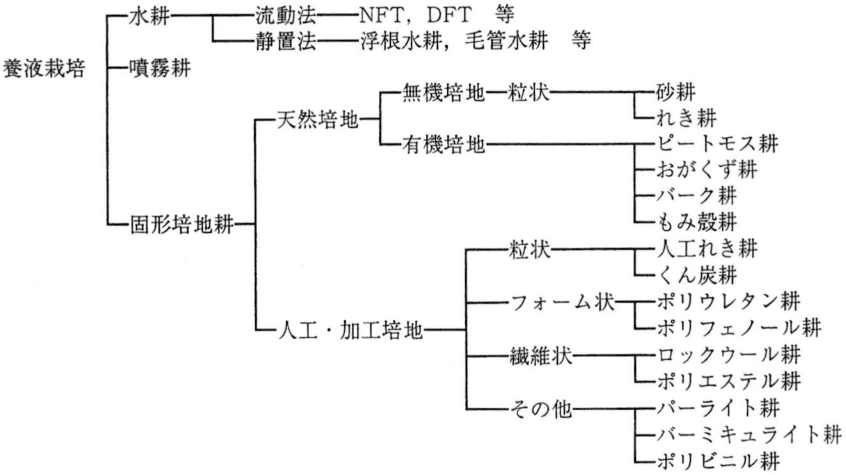

図29.1　養液培養の種類（日本施設園芸協会，2002）

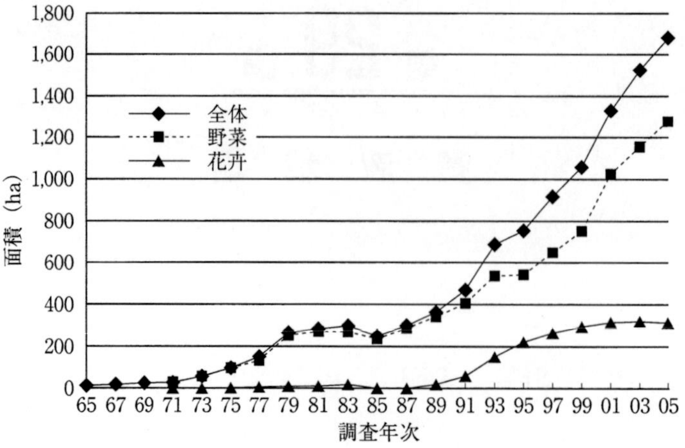

図 29. 2　養液培養面積の推移（日本施設園芸協会，2002 に加筆）

て取り扱う．養液土耕に関しては，第 27，28 講の「ハウス土耕 I，II」を参照していただきたい．図 29.1 にその方式の種類を示すが，ほかにも緩効性肥料を固形培地に混入させておき，栽培中は水のみ与える方法もあるが，本講ではふれない．

養液栽培の発展

わが国で土を使用しない栽培方法が実用化されたのは，終戦後の 1946 年に，進駐軍が新鮮なサラダを生産するために，東京の調布と滋賀の大津に礫を培地にしたハイドロポニックファームを建設したことにはじまる．当時，わが国では人糞尿が野菜栽培に使われており，レタスなどの生野菜をとる習慣の進駐軍にとっては現地調達できない状況にあった．養液栽培の発展には①根に酸素を供給する，②植物を支える，③培養液の成分，pH と温度ならびに室内の湿度の維持，④根腐れ病などの雑菌混入防止などの工夫が必要であった．特に，高温時には根の呼吸量（酸素要求量）が高まるが，一方で溶存酸素濃度が減少する酸素欠乏の問題の解決が必要であった．わが国では，まず 1961 年に独自の礫耕栽培が開始され，続いて固形培地を使用しない循環式水耕栽培の開発とプラスチック製成型ベッドの市販が 1969 年にはじまり，その後 1980 年ごろから培養液を浅い流れとして与える NFT 式やロックウール培地がヨーロッパから導入されてから水耕栽培が急速に広がった（図 29.2）．

養液栽培の現況

養液栽培には，様々な方式が開発されている．DFT 式（湛液型）が多いが，最近ではロックウール耕が増加している．またれき耕や砂耕以外の固形培地耕も普及してきている．また養液栽培での野菜の中で最も面積が多いのがトマトであり，ここのところ増加が著しいのがイチゴである．従来のイチゴ栽培は管理，収穫が腰を曲げた作業のため重労働であったが，最近の高設ベンチでは立ったままの作業となり，広く農家に普及するようになった．またネギやホウレンソウ，小松菜などの葉菜類も増加している．切り花ではバラが多い．

Tea Time

らくちん水耕

水耕が広がるポイントとして，労働軽減や作業姿勢の改善がある．これからの日本は，急速な少子高齢化社会をむかえることは間違いない．そのためにも，より楽な水耕が望まれる．地方の小都市でも，高齢化した人々が歩ける範囲，自転車で行ける範囲の中に採れたての野菜が供給できる水耕には大きな可能性がある．以下の浮き根式水耕にも改良の余地があろう．

浮き根式水耕： 1979 年に山崎肯哉氏が発表した水耕である．基本的に，培養液中に植物体の根を侵漬させずに湿気中に根を露出させ，空気中の酸素を呼吸させる方法である．最初に出たタイプは，培養液の表面に発泡スチロール板を浮かべ，吸水布と不透根性シートを乗せてその上に植物体を置床させている．この栽培方法が，その後の毛管水耕の原形となった．

培地の種類と特性

養液栽培の中で，NFT や DFT と異なり培地素材を利用して栽培を行なうシステムを固形培地耕という．この場合の養液栽培とは，作物の根圏を支持する培地はあくまで少量であることと，かつ地面より隔離されていることが条件である．これら養液栽培とは別に養液土耕と呼ばれる方法が普及している．たとえば土壌を培地として，ドリップチューブで点滴灌水を行なう方法は養液土耕であり，養液栽培とは区別している．

いま最も普及している固形培地としてロックウールが挙げられ，①材料が均一で，長期にわたり変化がなく安定している，②入手が容易で安価である，③水の拡散が良好で水分管理が容易，④養分吸着がなく，養分管理が容易，⑤重金属や塩類，雑草種子，病原菌などが含まれない，などの特性がある一方で，使用後の処理（圃場への還元）が困難であり，これにかわる新培地が求められている．

ロックウール培地： 玄武岩あるいは輝緑岩と鉄鉱石の鉱さいなどにケイ石を混合して 1,500°C で高温溶解し，遠心力と高圧空気で太さ数 μm の繊維状にした人造鉱物繊維である．一定の密度に圧縮して，栽培用マットとして利用する．ロックウールは化学的に不活性で CEC は無視できるほど低い．また緩衝能もなく，水での pH は 7.0 前後である．主成分はケイ酸カルシウムで，鉄やアルミニウムも比較的多く含まれている．培養液はpH 5.5〜6.5で使用する．pHが著しく低いとケイ酸，鉄，アルミニウムが溶けて出てくるため栄養障害が出やすい．固相率は4%と低く，液相と気相を好適に保持できる特性を持つが，pF（吸引圧）が2.0以下の低い状態では水を保持できるがpF 2.0以上ではほとんど保持できない．ロックウールマット内の給水保持された水はpF 1.5以下の作物に吸収されやすい水であり，水分ストレスを受けることはない．

他の無機培地としては，天然無機培地では①砂，②れき，③パミスサンド（軽石を粉砕したもの）があり，加工無機培地では④パーライト（真珠岩を1,200°Cで焼成膨張させたもの），⑤セラミック（粘土を1,100°Cで焼いたもの），⑥もみ殻くん炭などがある．

一方，有機培地では，天然有機培地として，⑦ピートモス，⑧ココヤシ繊維，⑨樹皮培地，⑩もみ殻，⑪ニータン（アシ，スゲなどが腐朽堆積した泥炭有機質，ソータンは粒状加工したもの），⑫有機混合培地（ピートモスやココピートにパーライトなどを混合したもの），化学合成有機培地としては，⑬粒状フェノール樹脂，⑭粒状ポリエステル（ペットボトルのリサイクル品）などがある．

養液栽培法

養液栽培は培養液の供給方式により，閉鎖系と非閉鎖系に分けられ，閉鎖系はさらに循環式と非循環式に分類される．非閉鎖系システムは，培養液による環境汚染を回避するために徐々に閉鎖系に移行しつつあり，ここでは述べない．

循環式：

湛液型循環式水耕（DFT：deep flow technique）：　根全体または一部が培養液に浸かっている方式で，培養液タンクには強度が必要であり，培養液の溶存酸素を増やす工夫が要る．ECやpHの自動調節装置がついたものが多い．

NFT式水耕（NFT：nutrient film technique）：　水深の浅い培養液で行なう水耕で，培養液が流れるという意味でnutrient flow techniqueともいわれる．NFTのベッドはチャンネルとも呼ばれ，培養液が流下するよう傾斜がついている．市販されているNFTはすべて高設である．ベッドには強度が必要なく，空気も十分供給されるため最も簡易的である．

他の循環式水耕として，固形培地耕（ロックウール耕，砂耕，パミスサンド耕，ピート耕，ヤシ殻耕，杉バーク耕，粒状フェノール発泡樹脂耕など）や噴霧耕などがある．

非循環式：

毛管水耕：　毛管吸引能の優れたポリエステル綿や不織布，ウレタンシートなどを使ったものである．

パッシブ水耕：　最初に培養液を計算して与えてから，収穫まで何もしないという意味からパッシブと呼ばれる．実用化されたものでは，柱状の固形培地の下方に培養液を収穫までの十分量与え，柱状の上方に苗を置く方法である．

ほかに浮き根水耕などがある．

水耕培養液

養液栽培には各種のシステムが実用化され，それぞれに独自の培養液の組成，濃度，管理方法が推奨されているが，基本的に大差はない．この場合，水耕が閉鎖・循環式かそれとも開放・掛け流し式かが重要な点である．どのようなシステムでも，栽培する作物，ステージに適した培養液を用い，管理が適切であれば好成績が期待できる．しかし培養液の組成と濃度管理，いわゆる肥培管理は簡単ではない．これまでは，最初の培養液の成分組成，濃度が栽培中にも変化せず，また不必要なものが蓄積しないことがよいとされてきたが，たとえばロックウール耕では，灌水する培養液と廃液の組成，濃度は必ずしも一致しない．欧州では培地内の開始時の培養液をスターター培養液，日々の灌水培養液を追肥培養液として区別している（表 29.1）．

表 29.1 トマトおよびバラのロックウール栽培におけるスターター培養液と追肥培養液の組成・濃度（日本施設園芸協会，2002）

パラメーター	追肥培養液		スターター培養液					
			トマト			バラ		
	トマト	バラ	基準値	下限	上限	基準値	下限	上限
EC(dS/m)	2.30	1.50	3.00	2.00	4.00	2	1.5	3
pH	5.50	5.50	5.80	5.00	6.50	5.8	5	6.5
Na(mmol/l)	−	−	<8.00	−	8.00	<4.00	−	4.00
Cl	−	−	<8.00	−	8.00	<4.00	−	4.00
HCO_3	−	−	<1.00	−	2.00	<1.00	−	2.00
NH_4	1.25	1.25	<0.50	0.00	0.50	<0.50	0.00	0.50
K	8.75	5.00	7.00	5.00	8.00	6	5	9.00
Ca	4.25	3.50	7.00	5.00	8.00	5	4	7.50
Mg	2.00	0.75	3.50	2.50	4.50	2	1	3.00
NO_3	13.75	11.00	17.00	13.00	21.00	12.5	8	16.00
SO_4	3.75	1.25	5.00	3.50	6.50	3	2	4.00
P	1.25	1.25	0.70	0.50	1.50	0.9	0.6	1.20
Fe(μmol/l)	15.00	25.00	15.00	9.00	25.00	25	20	35.00
Mn	10.00	5.00	7.00	3.00	10.00	3	1	4.00
Zn	5.00	3.50	7.00	5.00	10.00	3.5	3	5.00
B	30.00	20.00	50.00	35.00	65.00	20	15	35.00
Cu	0.75	0.75	0.70	0.50	1.50	1	0.5	3.00
Mo	0.50	0.50	*	*	*	*	*	*

わが国では，作物の養液栽培にスタートから均衡培養液を使用することが多いが，今後はスタートと追肥で分けることや，組成，濃度，pH の管理を作物ごとや生育ステージにあわせて管理していくこと，またいままでの濃度維持管理から，肥料を量的に施肥，管理する研究が行なわれている．

Tea Time

水耕栽培での必須元素

水耕栽培で，ネギの葉先枯れが発生したことがあり，その原因を調べると水耕栽培の窒素源に尿素を使っていたためと判明した．土耕やロックウール耕では，尿素使用は可であるが，水耕ではニッケル（Ni）が含まれないため，植物内で尿素を分解するウレアーゼ（Niを構成元素とする）が働かずに，窒素欠乏症状を呈する．

イチゴの高設栽培やトマトの少量土耕栽培で，硫黄欠乏症が出ることがある．通常の土耕栽培では窒素，リン酸，カリウムの肥料の3要素を供給すれば生育するが，少量土耕栽培では，特にトマトで葉全体が黄化して，一見Mg欠乏のように見えるが，実際には硫黄欠乏である．市販の液肥には硫黄や微量元素の入っていない1液タイプ（N，P，K）の液肥も多い．2液タイプでは，カルシウムとリン酸を分けたもので，2液タイプはそれぞれを薄めてから与える．2液タイプを1液タイプのように濃い原液をタンクに同時に入れると，リン酸カルシウムや硫酸カルシウムの沈殿が生じるので注意が必要である．このような場合，鉄が共沈してしまい，鉄欠乏になることもある．

第30講

切花の栄養

キーワード：エチレン　糖　水あげ　品質保持剤　STS

切り花には根がないため，前講までとは異なる植物栄養学となる．まず切り花には根圧による吸水はなく，葉と花の蒸散による吸水である．現在まで，切り花から実際に実をつけるような栄養液は開発されておらず，切り花栄養学の目的は切り花の鮮度保持にある．花を長く保つには次の3点が重要となる．1つはエチレンへの対策である．次にエネルギー供給のための糖の添加である．3点目として水あげと呼ばれる吸水がある．

エチレン

植物ホルモンの一種であるエチレンの作用の1つに老化の促進が挙げられる．切り花においても，多くの種類でエチレンにより老化が促進されることが知られ，これらの花卉はエチレン感受性花卉として分類されている．市場で多く見られる切り花のエチレンに対する感受性を表30.1に挙げてある．

表を一見すればわかるように，単子葉植物は概して感受性が低く，双子葉植物は高い．エチレン感受性の花卉ではエチレン合成阻害剤や作用阻害剤の処理により，

表 30.1　切り花のエチレンに対する感受性（Woltering and van Doon, 1988 より改変）

種	品種	エチレン感受性
ユリ	コネチカットキング	0〜1
キク	ホリム	0
ガーベラ	アグネス	0〜1
アイリス	シンフォニー	0〜1
カーネーション	スケニア	4
バラ	アムステルダム	4
チューリップ	ガンダー	1
カトレア		2〜3
スイセン	カールトン	0〜1
キンギョソウ		2〜3

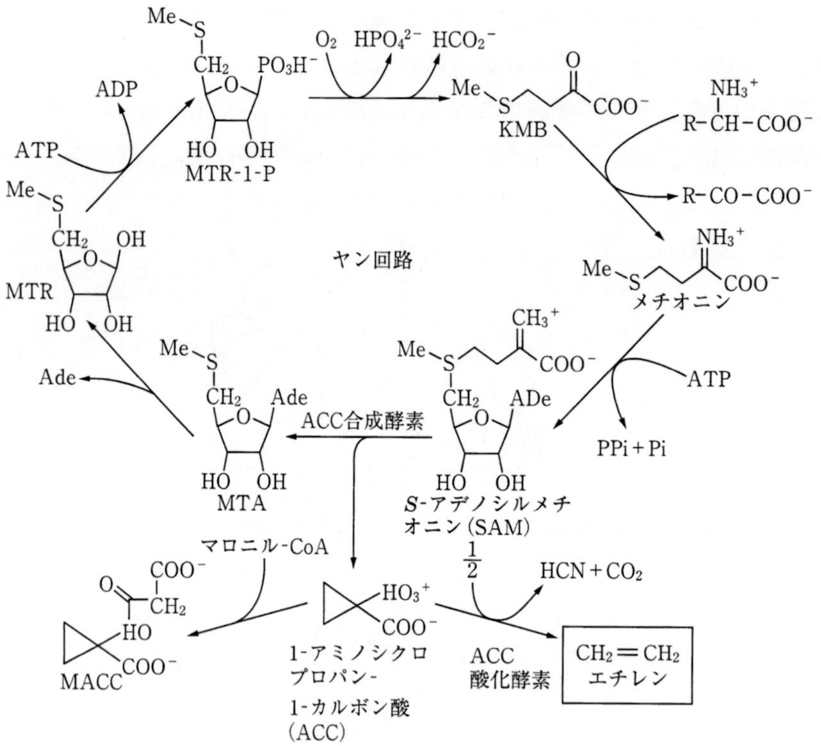

図 30.1　エチレンの生合成経路（市村，2000）

寿命が著しく延長する．一般にエチレン感受性花弁は，老化過程でエチレン生成の増加に伴い，呼吸量も増加するため，リンゴやキウイフルーツのような果実と同じように，クライマクテリック（climacteric：更年期）型花弁ということもある．

エチレン生合成経路は，メチオニンから *S*-アデノシルメチオニン（SAM），1-アミノシクロプロパン-1-カルボン酸（ACC）を経て生成される（図 30.1）．

エチレン感受性花弁の切り花の寿命を延ばすには，エチレンの合成を抑制するか，それともエチレン受容体へのエチレンの結合を阻害するかの 2 点が考えられて

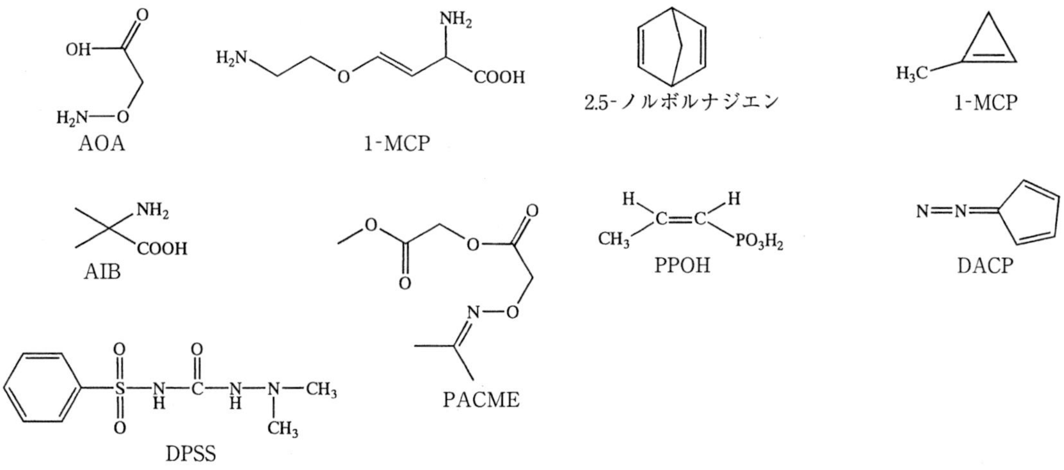

図 30.2 エチレン阻害剤（市村，2000）

いる．

エチレン結合阻害剤としておもに，切り花延命剤に使われているのがチオ硫酸銀錯塩（STS：silverthiosulfate）で，オランダのベーン（Veen）により開発された薬剤である．銀イオン（Ag^+）がエチレンの作用を抑制することは，古くから知られていたが，通常道管内はマイナスに帯電しているため，硝酸銀などの形では Ag^+ は移動しにくく，花持ち延長効果は少なかった．一方，STS はチオ硫酸銀イオン（$[Ag(S_2O_3)]^{3-}$）であり，陰イオンのため，道管に吸着されることなく，吸水とともに速やかに移動し，植物体のエチレン受容体に結合する．銀イオンと結合した受容体には，エチレン結合能が失われる．

エチレン生合成系阻害剤として，ACC 合成酵素と ACC 酸化酵素に対するそれぞれの阻害剤がある（図 30.2）．

前者にはアミノエトキシビニルグリシン（AVG）やアミノオキシ酢酸（AOA），後者には α-アミノイソ酪酸（AIB）などがある．また阻害部位は不明であるが，辛味の生体成分であるアリルイソチオシアネートも生合成を阻害する．

糖

つぼみのかなり初期段階で細胞分裂が停止し，その後の花芽から花への増大は，細胞の肥大によることがわかっているが，急激な花弁細胞の肥大生長機構については，ほとんどわかっていない．バラでは，グルコースやフルクトースなどの単糖の濃度は開花に伴い著しく上昇する．植物の細胞では，物質の貯蔵にかかわるオルガネラである液胞に糖質を貯蔵することにより，液胞の膨圧が増大して肥大生長すると考えられている（図 30.3）．花弁細胞の急激な肥大生長には，細胞壁の合成，呼吸および浸透圧調節のために多量の糖質が必要になる．しかし，切り花では通常光合成がほとんどできない室内に置かれるため，切り花に含まれる炭水化物は呼吸の

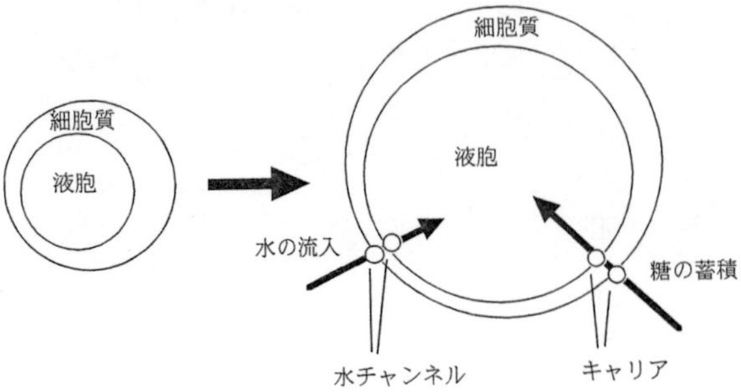

図 30.3　花弁細胞の肥大生長機構（市村，2000）

図 30.4　水切り（市村，2000）
http://www.jaac.or.jp/engei/basic2/hana_01.htm を参照．

ために使われて消耗することになる．そのため，切り花に生けた水に糖質を加えると開花促進に著しい効果が見られる．

水 あ げ

生け花の作法として，水あげという切り花の吸水を助けるいくつかの手法がある．その中でも水切りといって，水の中で，鋭利な刃物で切り花の茎の基部を切り取り，吸水を促進させることで花を長生きさせる方法がある．この場合は，茎の先端部分の道管に気泡が入ることで吸水が妨げられるのを防いでいる（図 30.4）．

このように切り花の水分状態はその品質保持に影響を及ぼす大きな要因である．水あげが低下すると切り花の萎凋が引きおこされ，特にバラにおいてはその要因が大きい植物として知られている．切り花の水分状態は水ポテンシャルで表されるが，バラでは－0.2～－0.4 MPa で道管中の水柱は不連続となり，－1.0 MPa でベントネック（bentneck：花首が曲がり垂れた状態）が発生する．

吸水の悪化は道管の閉塞により引きおこされる．道管を閉塞させる原因として細菌の繁殖，切り口の気泡などいくつかのことがらが考えられる．生け水の吸収量の測定から，細菌を生け水中に添加すると道管閉塞が促進されること，さらに殺菌剤処理は細菌濃度を低下させるとともに，道管閉塞を抑制するという結果からも，生け水中の細菌が道管を閉塞させる原因であることを支持している．また生け水に繁殖する細菌として，その 70% がシュードモナス属であることが報告されている．

道管中の気泡が道管閉塞に関与しているという報告もある．バラを用いた実験結果は，前もって脱気した水を生け水に用いると吸水が促進されること，また逆に通気した水では吸水が抑制されることから，水中の気泡が道管閉塞に関与していることを支持している．

またバラの茎を無菌条件で保持した場合でも道管が閉塞することが観察されてい

る．気泡でもなく細菌でもない道管閉塞が観察されており，茎の持つ生理的要因が考えられるが，その原因は明らかではない．

品質保持剤

切り花の品質保持には，単に開花状態を長持ちさせるだけでなく，つぼみの開花を促進する役割もある．そのための品質保持剤には使用目的から，前処理剤，後処理剤およびつぼみ開花剤に分類される．前処理剤は生産者が出荷前の短期間に処理する薬剤であり，後処理剤は小売店や消費者が連続的に使用する生け水のための薬剤である．また，つぼみ開花剤は生産者がつぼみの段階で収穫した切り花を処理するものであり，前処理剤の一種ともいえる．一方，消費者のためだけの薬剤としてホームユースに分類される薬剤もある．品質保持剤には，エチレン阻害剤，栄養剤，界面活性剤，抗菌剤，植物生長調整剤などが含まれている．

前処理剤： 短時間処理が基本であり，STS のようなエチレン阻害剤が特に効果が高く，製品化されている．ただ，STS はその主成分が銀であり，最近は環境汚染の観点からその使用が問題視され，オランダでは使用が禁止されようとしている．また，アストロメリアの葉の黄化抑制に効果のあるジベレリンや，カスミソウの小花の開花促進に高濃度の糖を含むものもある．

後処理剤： 主として，糖，抗菌剤，界面活性剤から構成される．エチレン阻害剤は，生産者段階での前処理剤使用が一般的であり，通常は含まれていない．糖では，スクロースが含まれている場合と，グルコースとフルクトースが含まれている場合がある．市販されている後処理剤は，バラ，キク，マーガレット，カーネーションなどの主要なすべての切り花に効果のあるものはないとの報告もあり，より汎用性のある後処理剤の開発が期待されている．

つぼみ開花剤： 市販されている種類は少なく，主成分はエチレン阻害剤，糖および抗菌剤である．

Tea Time

切り花鮮度保持剤

切り花の鮮度保持剤の開発を依頼され，とりあえずバラの切り花を用いて，第16講で紹介した植物用有機栄養液を試してみた．結果は散々で，水道水より早く花びらがしおれてしまい，やはり植物に根の有る無しでその違いを痛感した．また，今までとは違う概念から開発した植物用有機栄養液とは異なり，切り花の鮮度保持剤は多くの商品が出回っている．その中でもオランダの商品は世界中で最も売れ筋の商品であるが，その内容は「糖類，抗菌剤，有機酸」とだけ書かれている．なお，製品開発を依頼されたときの条件として，ロハス（LOHAS：lifestyles of health and sustainability）な商品開発がコンセプトとのことで，環境によくない界面活性剤や無機重金属（Ag^{+}，Al^{3+}）などは使えないとのことであった．切り花に関しては素人でもあり，『切り花の鮮度保持』（市村，2000）を買って読んでみた．いままでの植物生理学とは少し趣が異なるがまあ理解はできた．しかしやはり植物栄養学とは別である．本書の最終講に「切花の栄養学」を入れたことに関して識者から異論が出ることも考えたが，あえてとりあげてみた．

その後，私なりに糖類，抗菌剤，有機酸を組み合わせて，それなりに鮮度保持に効果のあるものができたが，問題は製品化できるかどうかであった．要するに，通常の実験ではあまり考えない要因である，製造コスト，安全性，秘守性，簡便性，そして流通容易性である．市販する鮮度保持剤をそのまま花瓶に入れるタイプでは，どうしても商品の容器が大きくなりすぎるために，市販する鮮度保持剤は最低でも50倍希釈して使えるようでないといけない．そのため，ある試薬2%溶液で鮮度保持効果があってもそれらは使えない．50倍希釈使用では原液は100%になってしまう．しかし紆余曲折の末ようやく商品化にまでこぎ着けた（第5講 Tea Time）．

最後に感じたことは，受託研究での契約のための秘守性の問題である．よい研究成果は本来発表して世に問うことが，大学研究者に課せられた責務でもあるが，この制度ではなかなか難しい．今後の課題である．

参考図書

安藤象太郎・大脇良成・後藤匡裕・米山忠克：エンドファイティック窒素固定——第3タイプの植物-微生物窒素固定システム，化学と生物 **43**：788-794（2005）

市村一雄：切り花の鮮度保持，筑波書房（2000）

神阪盛一郎・西谷和彦・桜井直樹・谷本英一・上田純一・渡辺　仁：植物の生命科学入門，培風館（1991）

熊沢喜久雄：植物栄養学大要，養賢堂（1974）

E. E. コーン・P. K. スタンプ・G. ブリュニング・R. H. ドイ（田宮信夫・八木達彦訳）：コーン・スタンプ生化学，第5版，東京化学同人（1988）

主婦の友社(編)：育て上手になるための土・肥料・水やり，主婦の友社（2002）

植物栄養・肥料の事典編集委員会(編)：植物栄養・肥料の事典，朝倉書店（2002）

高橋英一：肥料の来た道帰る道——環境・人口問題を考える，研成社（1991）

高橋英一：ここまでわかった作物栄養のしくみ，農文協（1993）

高橋英一：肥料になった鉱物の物語——グアノ，チリ硝石，カリ鉱石，リン鉱石の光と影，研成社（2004）

高橋景一ら：生物I，大日本図書（2005）

武田　健：だれにでもできる養分バランス施肥——「水・湿度・肥料」一体で上手に効かす，農文協（2006）

塚本明美・岩田進午：だれにでもできるやさしい土のしらべかた，合同出版（2005）

日本施設園芸協会(編)：養液栽培の新マニュアル，誠文堂新光社（2002）

根の事典編集委員会(編)：根の事典，朝倉書店（1998）

久馬一剛：土とは何だろうか？，京都大学学術出版会（2005）

E. J. ヒュイット・T. A. スミス（鈴木米三・高橋英一訳）：植物の無機栄養——実験植物栄養学入門，理工学社（1979）

平澤栄次：はじめての生化学，化学同人（1998）

堀　浩二：カメムシの吸汁で植物に被害が生じるしくみ，インセクタリウム **4**：212-218（1998）

松尾嘉郎・奥園壽子：生きている土の世界，農文協（1989）

松田利彦ら：高等学校地学I，啓林館（2005）

毛利秀雄ら：高等学校生物II，三省堂（2005）

山崎耕宇・杉山達夫・高橋英一・茅野充男・但野利秋・麻生昇平：植物栄養・肥料学，朝倉書店（1993）

吉田昌一：水稲内におけるケイ素の存在様式と生理的意義に関する研究，農業技術研究所報告 **B15**，1-58（1965）

渡辺和彦：新しい植物栄養学入門——園芸新知識，タキイ種苗（2005）

Carpita, N. C. and McCann, M.：The cell wall. In Buchanan, B. B., Gruissem, W. and Jones, R. L. eds.：*Biochemistry and Molecular Biology of Plants*. American Society of Plant Physiologists. pp.52-108 (2000)

Epstein, E. and Bloom, A. L.：*Mineral Nutrition of Plants*：*Principle and Perspectives*, 2nd ed. Sinauer Associates (2005)

Foster, A. S. and Gifford, Jr. E. M.：*Comparative Morphology of Vascular Plants*, 2nd ed. W. H. Freeman and Company (1974)

Frommer, W. B. and von Wiren, N.：Ping-pong with boron. *Nature* **410**：282-283 (2002)

Fukuda, H.：Signals that control plant vascular cell differentiation. *Nature Review Molecular Cell Biology* **5**：379-391 (2004)

Hawk, P. B., and Oser, B. L.：*Hawk's Physiological Chemistry*, 14th ed. Blackiston Division of McGraw-Hill (1965)

Hayward, H. E.：*The Structure of Economic Plants*. J. Cramer (1967)

Heldt, H. W.：*Plant Biochemistry*, 3rd ed. Elsevier Academic Press (2005)

Higinbontham, N., Etherton, B. and Foster, R. J.：Mineral ion contents and cell transmenbrane electropotentials of pea and oat seeding tissue. *Plant Physiology* **42**(1)：37-46 (1967)

Humble, G. D. and Hsiao, T. C.：Specific requirement for light activated opening of stomata in epidermal strips. *Plant Physiology* **44**：230-234 (1969)

Kawabe, S., Fukumorita, T. and Chino, M.：Collection of rice phloem sap from stylets of homopterous insects severed by TAG laser. *Plant Cell Physiology* **21**：1319-1327 (1980)

Klironomas, J. N. and Hart, M. M.：Animal nitrogen swap for plant carbon. *Nature* **410**：651-652 (2001)

Koch, G. W., Sillett, S. C., Jennings, G. M. and Davis, S. D.：The limits to tree height. *Nature* **428**：851-854 (2004)

Little, D. Y., Rao, H., Daniel-Vedele, S. O. F., Krapp, A. and Malamy, J. E.：The putative high-affinity nitrate transporter NRT 2.1 represses lateral root initiation in response to nutritional cues. *The Proceedings of National Academy of Sciences of the United States of America* **102**：13693-13698 (2005)

Ma, J. F., Tamai, K., Yamaji, N., Mitani, N., Konishi, S., Katsuhara, M., Ishiguro, M., Murata Y., and Yano, M.：A silicon transporter in rice. *Nature* **440**：688-691 (2006)

Ma J. F., Yamaji, N., Mitani, N., Tamai, K., Konishi, S., Fujiwara, T., Katsuhara, M. and Yano, M.：An efflux transporter of silicon in rice. *Nature* **448**：209-212 (2007)

Matoh, T. and Kobayashi, M.：Boron and calcium, essential inorganic constituents of pectic polysaccharides in higher plant cell walls. *Journal of Plant Research* **111**：179-190 (1988)

Mauseth, J. D. *Plant Anatomy*. Benjamin/Cumming (1988)

Miller, E. C. *Plant Physiology*, 2nd ed. McGraw-Hill (1938)

Miranda, E. R., Pattanagul, W. and Madore, M. A. : Phloem transport of solutes in crop plants. In Pessaraki, M., ed. : *Handbook of Plant and Crop Physiology*, 2nd ed. Dekker. pp.449-465 (2002)

Muller, H. E. : *Botany, A Functional Approach*, 4th ed. Macmillan (1979)

Murashige, T. and Skoog, F. : A revised medium for rapid growth and bioassays with tobacco tissue cultures. *Physiologia Plantarum* **15** : 473-497 (1962)

O'Dell, B. L., and Sunde, R. A., eds. : *Handbook of Nutritionally Essential Mineral Elements, Vol.2 of Clinical Nutrition in Health and Disease.* Dekker (1997)

Okamoto, N. and Inoue, I. : A secondary symbiosis in progress. *Science* **310** : 287 (2005)

Pilson, M. E. Q. : *An Introduction to the Chemistry of the Sea.* Prentice-Hall (1998)

Reisenauer, H. M. : Mineral nutrients in soil solution. In Altman, P. L., and Dittmer, D. S., eds. : *Environmental Biology*. Federation of American Societies for Experimental Biology. pp.507-508 (1966)

Rovira, A. D., Bowen, C. D. and Foster, R. C. : The significance of rhizosphere microflora and mycorrhizas in plant nutrition. In Lauchli, A. and Beleski, R. L., eds. : *Inorganic PlantNutrition, Encyclopedia of Plant Physiology*, Vol.15 A, New Series. Springer, pp.61-93 (1983)

Stout, P. R. : Macronutrient needs for plant growth. *Proceeding of the Ninth Annual California Fertilizer Conference* **9** : 21-23 (1961)

Talbott, L. D. and Zeiger, E. : The role of sucrose in guard cell osmoregulation. *Journal of Experimental Botany* **49** : 329-337 (1998)

Uthus, E. O. and Seaborn, C. D. : Deliberations and evaluations of the approaches, endpoints and paradigms for dietary recommendations of the other trace elements. *The Journal of Nutrition* **126** : 2452 s-2459 s (1966)

Waller, F., Achatz, B., Baltruschat, H., Fodor, J., Becker, K., Fischer, M., Heier, T., Hueckelhoven, R., Neumann, C., von Wettstein, D., Franken, P. and Kogel, K. H. : The endophytic fungus *Piriformospora indica* reprograms barley to salt-stress tolerance, disease resistance, and higher yield. *The Proceedings of National Academy of Sciences of the United States of America* **102** : 13386-13391 (2005)

von Wiren, N., Gazzarrini, S., Gojon, A. and Frommer, W. B. : The molecular physiolosy of ammonium uptake and retrieval. *Current Opinion Plant Biology* **3** : 254-261 (2000)

Woltering E. J. and van Doorn, W. G. : Role of ethylene in senescence of petals morphological and taxonomical relationships. *Journal of Experimental Botany* **39** : 1605-1616 (1988)

索　引

ア　行

ナ　行

ハ　行

マ　行

ヤ　行

ラ　行

著者略歴

平澤栄次（ひらさわ・えいじ）

1950 年　富山県に生まれる
1979 年　京都大学大学院農学研究科博士課程中退
1979 年　大阪市立大学理学部助手，講師（88 年），助教授（94 年），教授（96 年）
現　在　大阪市立大学大学院理学研究科教授
　　　　農学博士，理学博士
著　書　『はじめての生化学』化学同人，1998
　　　　『植物栄養・肥料の事典』（共著）朝倉書店，2002
　　　　『満月が大きく見える――体内時計が発振する暮らしのリズム』
　　　　大阪公立大学共同出版会，2006

図説生物学 30 講〔植物編〕3
植物の栄養 30 講　　定価はカバーに表示

2007 年 10 月 10 日　初版第 1 刷
2013 年 11 月 25 日　　第 3 刷

著　者　平　澤　栄　次
発行者　朝　倉　邦　造
発行所　株式会社　朝　倉　書　店
東京都新宿区新小川町 6-29
郵 便 番 号　162-8707
電　話　03（3260）0141
F A X　03（3260）0180
http://www.asakura.co.jp

〈検印省略〉

真興社・渡辺製本

ISBN 978-4-254-17713-8　C 3345　　Printed in Japan